农用水权规模化交易及其效应研究

戎丽丽◎著

中国经济出版社
CHINA ECONOMIC PUBLISHING HOUSE
·北京·

图书在版编目（CIP）数据

农用水权规模化交易及其效应研究／戎丽丽著．--
北京：中国经济出版社，2024.6
　　ISBN 978-7-5136-7788-2

　　Ⅰ．①农… Ⅱ．①戎… Ⅲ．①农村给水-水资源管理
-研究-中国 Ⅳ.①S277.7

中国国家版本馆 CIP 数据核字（2024）第 111762 号

组稿编辑　崔姜薇
责任编辑　郭书芳
责任印制　马小宾
封面设计　任燕飞

出版发行　中国经济出版社
印 刷 者　河北宝昌佳彩印刷有限公司
经 销 者　各地新华书店
开　　本　710mm×1000mm　1/16
印　　张　16.5
字　　数　260 千字
版　　次　2024 年 6 月第 1 版
印　　次　2024 年 6 月第 1 次
定　　价　78.00 元

广告经营许可证　京西工商广字第 8179 号

中国经济出版社 网址 http://epc.sinopec.com/epc/ 社址 北京市东城区安定门外大街 58 号 邮编 100011
本版图书如存在印装质量问题，请与本社销售中心联系调换（联系电话：010-57512564）

目前，中国水资源短缺与水资源浪费并存已是不争的事实。中国农用水资源消耗占比高，2021 年度《中国水资源公报》数据显示，中国农业用水为 3644.3 亿立方米，占全国用水总量的 61.5%，但节水灌溉面积比重不足 50%，农田灌溉水有效利用系数仅为 0.568，水资源浪费现象严重，节水空间巨大，同期的工业用水效率是农业用水效率的 10 倍，因此，农户节余水权有巨大的交易潜力和激励。农用水权交易是提高水资源利用效率、缓解工业用水紧张、破解水资源配置与社会经济发展供求矛盾的有效途径。自 2000 年东阳—义乌水权交易开始，水权交易与水市场建设发展迅速，取得明显成效，但总体表现为"小规模、分散化"的特点，暴露出农用水权主体界定不清、水权交易成本高、水权交易收益低且无保障、农户节水积极性低等突出问题。农用水权确权和规模化交易是水权流转的条件和新实现形式，是实现水资源优化配置和高效利用的有效手段。2022年，《中共中央 国务院关于加快建设全国统一大市场的意见》提出，培育发展全国统一的生态环境市场，依托公共资源交易平台，建设全国统一的用水权交易市场，实行统一规范的行业标准、交易监管机制。但实施水权交易的前提是清晰明确的水权界定，通过将农用水权界定到农户层面，实现确权到户，以保障农户对节余水资源的剩余索取权，进而产生农业节水激励，为农用水权交易的开展提供前提和条件。考虑到中国的水资源禀赋、农业结构等国情差异，本书设计通过扩大农户水权交易的规模以降低交易成本的规模化交易机制。

首先，综合运用资源配置理论、农户行为理论，推演了确权到户与农用水权规模化交易的作用机理。其次，基于黄河流域9个省份的微观调研数据，运用 Probit 和 Logit 模型实证分析了农用水权确权对农户节水的激励及其传导机制。从历史变迁和理论变迁两个角度，分析农用水权交易的演进路径和逻辑，并构建农用水权交易影响因素的层次结构模型，实证分析农用水权交易的影响因素。在分析农用水权交易规模的均衡数量的基础上，进一步设计多层次、全国性农用水权规模化交易体系和农用水权期权交易两种方式来实施规模化交易，并构建了交易前期的水权收储机制和交易后期的监管机制。最后，采取非线性、多重反馈的系统动力学模型（SD），对农用水权规模化交易产生的效应进行实证研究，并根据研究结论，从国情、农用水权确权、农业节水、水权交易形式等多个层面，提出了推进农用水权确权及规模化交易实施的政策建议。

本书主要研究结论如下：

第一，确权到户是水权交易的前提。确权到户能保障农户水权收益，产生农业节水激励，而规模化交易是降低农用水权的交易成本、实现农户节水收益、提高水权收益的有效途径。农用水权确权通过安全效应、信贷效应和交易效应影响农户节水意愿和意愿节水投资金额。农用水权确权程度的提高会导致农户节水意愿和意愿节水投资金额增加，尤其对中户和特大户的影响更显著；农户对农用水权抵押贷款的预期会显著增强农户的节水意愿，但对农户意愿节水的投资金额不会产生影响；农户的节水意愿与当地发生的农用水权交易无关，但水权流转程度越高的地区，农户意愿节水的投资金额越高。

第二，农用水权交易受交易成本、交易方式、交易价格和交易规模的影响。其中，交易成本和交易规模是影响农用水权交易的两个最重要因素；交易成本中的水权确权系数和水利固定资产投资额对农用水权交易有显著影响，交易规模中的农田灌溉水有效利用系数及人均耕地灌溉面积对农用水权交易有显著影响。借助农民用水协会推进水资源确权到户、探索"规模化交易"水权流转新形式、拓宽水利项目融资渠道，以增加水利资产投入、推进节水改造、挖掘农业节水潜力等措施，以期扩大交易规模、降低交易成本，促进农用水权交易发展。

第三，中国农用水权交易规模选择具有特殊性。农用水权的交易行为受到水权排他性成本和内部管理成本的双重制约，具体化为村集体之间、乡镇之间、县级之间、跨灌区跨流域的水权交易形式。考虑到中国农用水权交易规模选择的特殊性，农用水资源的利用面临着多重决策，中国农用水权交易更倾向于采取集体行动而难以效仿国外完全竞争的自由市场方式，水权交易行为对集体行动的选择是一种正反馈机制。

第四，农用水权规模化交易的运行机制包括农用水权的收储、规模化交易和监管机制。选择多层次的农用水权交易规模和多样化交易模式是特定环境约束下交易成本最小化的结果。探索多层次规模化交易新机制，一是构建多层次、全国性农用水权规模化交易体系，其中"多层次"是指"农户+农民用水协会""农户+用水大户投资农业节水""农户+地方政府回购"三种交易模式，"全国性"是指"全国性农用水权匹配"交易模式；二是拓展农用水权期权交易模式，从不同层次推动农用水权交易和农业节水。农用水权的回购和收储机制，需要考虑农户节水意愿、农业生产结构、地方政府功能等因素，结合地方政府、购水方、农民用水协会等社会化服务组织功能来设计，并从交易主体、交易客体、交易价格、市场准入、交易影响等方面对水权交易进行监管。

第五，农用水权期权交易是一种降低交易成本的规模化交易形式。利用水权期权交易对农用水资源进行再配置，将有利于中国水权交易市场的发展和应用。以"总量控制—水量分配—农用水权确认—农用水权期权入市、撮合成交—农用水权期权结算—行权与履约—交割—水市场监管"为主线，从确定农用水权期权交易的主体、明晰交易客体、构建期权定价模型、搭建期权交易平台、规范期权交易流程方面来构建农用水权期权交易运作模式，并利用演化博弈模型分析农用水权期权交易的触发机制，探究水权期权交易的诱发条件及水权期权交易的关键影响因素。研究发现，农用水权期权费、政府管理部门补贴激励、农用水权期权交易成本和政府公信力等因素是影响农业用水者、工业用水者、政府及金融机构参与农用水权期权交易的触发因素。

第六，农用水权的收储机制、交易机制和监管机制能有效促进水权交易。一是能够促进农户因节水、高效用水产生的激励效应；二是能够促进水资源在行业、部门间流动对水资源优化配置产生的溢出效应；三是缓解缺水部门用水短缺困境从而促进区域经济发展的拉平效应；四是水资源稀缺性增强、农户惜售可能产生的禀赋效应，且监管机制对水权交易的促进作用有一定的时滞影响。

本书是作者主持的国家社科基金一般项目"确权到户下农用水权规模化交易及其效应研究"的主要成果，胡继连教授、毕康蕾和徐成浩等研究生均以不同方式为本书作出了贡献，在此表示衷心感谢。

目 录
CONTENTS

图目录

表目录

第 1 章

引言

1.1 研究背景

中国人均水资源占有量在世界排名 121 位，是世界上 21 个贫水和最缺水的国家之一，用水矛盾突出。2021 年，中国农业用水占全部用水量的 61.5%，但节水灌溉面积比重不足 50%，农田灌溉水有效利用系数仅为 0.568，水资源浪费现象严重，节水空间巨大。理论上，良好的水权市场是破解新时期水资源管理主要矛盾的有效手段之一。在澳大利亚、智利等国家和地区已有诸多成功案例，实践证明，水权交易能够激励节水并提高水资源利用效率，协调水资源约束与促进经济发展。

2021 年，中国工业用水效率是农业用水效率的 10 倍，因此，农户节余水权有巨大的交易潜力和激励，具有向工业等缺水部门转让的条件和潜力。在中国水权交易实践中，自 2000 年发生第一例水权转让后，已有多起农用水权交易，总体表现为"小规模、分散化"的特点。但水权交易较为频繁的洪水河灌区的交易水量仅占用水量的 1% 左右，暴露出农用水权主体界定不清、水权交易成本高、水权交易收益低且无保障、农户节水积极性低等突出问题。

为破解中国农业灌溉水浪费和工业用水短缺并存的矛盾问题，国家和地方开展了多次尝试和探索。2015—2017 年，3 个中央一号文件连续提出要开展水资源使用权确权和探索水权流转方式。2018 年，中央一号文件再次明确指出：发展多样化的联合与合作，提升小农户组织化程度，推进水权领域改革。党的二十大报告指出，要实施全面节约战略，推进各类资源节约集约利用，健全资源环境要素市场化配置体系。2022 年《中共中央 国务院关于加快建设全国统一大市场的意见》提出，培育发展全国统一的生态环境市场，依托公共资源交易平台，建设全国统一的用水权交易市场，实行统一规范的行业标准、交易监管机制。

农用水权交易存在的突出问题是交易规模小、数量少、分散化，原因是特定国情约束下受到交易成本的制约。降低交易成本的有效途径是扩大交易规模，为激励和实现农户节水，需要将使用权确权到户以保障剩余控制权。因此，农用水权确权是水权流转的条件和前提，而农用水权的规模化交易是一种有效降低交易成本的水权流转新实现形式。研究农用水权确权及其规模化交易的作用机理，厘清农用水权交易的影响因素，构建农户节余水权的收储机制、规模化转让机制和监督管理机制，对提升中国农业用水效率、实现水资源的优化配置和高效利用、缓解用水危机，具有重要意义。

1.2 研究现状

国内外相关研究的学术史梳理及研究动态从农用水权确权的概念、农用水权交易的运行机制、农用水权交易的影响因素及引致效应等方面展开。

1.2.1 农用水权确权的相关概念及确权方式的研究

（1）水权及农用水权确权的概念

水权是指在一定时段内从某水域获得的最大取水量的权利。农用水权是与灌溉密切相关的水权（沈茂英，2021），农用水权是除所有权以外的其他权利束，如使用权、取水权和收益权等（陈广华、朱寒冰，2019）。目前，关于水权的概念有"一权说""二权说"和"多权说"三大类。"一权说"认为：水权是对水资源的使用或者收益的权利（傅春等，2000；裴丽萍，2001），不应该包括水的所有权（王浩等，2004），水权的分配问题主要是指水的所有权分配（张岳，2005；Wu Xiaoyuan et al.，2021）。"二权说"认为：水权是权利人对于水权的所有权和使用权（汪恕诚，2001；沈满洪等，2017；王亚华等，2002；李艳玲，2000）。"多权说"认为：水权是由所有权、占有权、支配权、处分权等组成的所有权利集合（姜文来，2000；石玉波，2001；胡继连，2011；刘卫先，2014；贾绍凤，2016）。农用水权是在农业灌溉中取用水的权利（钱焕欢等，2007）。农用水权分为所有权、取水权、供水权（胡继连，2010）。

农用水权确权可明确为将水资源使用权依法授予取用水户（李晶等，2015），水资源确权主要权利所属的主体以及对水资源产权体系各种权利的分割（吴凤平等，2015），具体化为依法确认单位或个人对水资源占有、使用和收益的权利，因此，农用水权确权是确认取用水户的权利和义务（杨德瑞等，2015；James Brand，2020）。在用水实践过程中，需要确定各方主体水资源的实际可利用量，将这个用水量给予农户并确定下来，对水资源进行优化配置，才能实现水资源的高效利用（崔越等，2019；孙娟，2018；邢伟，2018；张丽娜等，2018），这说明水权的确权可以促进农户节水灌溉（马九杰等，2021）。马九杰等（2022）认为，水权确权政策是在核定县域内可分配水量的前提下，将全县水量划分到生活、工业、农业、生态和预留水量等不同领域，并将水资源使用权确权到用水户，从而为下一步全面启动水价综合改革和建立水权市场奠定基础。

（2）农用水权确权方式的研究

关于流域水资源初始水权确权方式的相关研究。葛敏和吴凤平（2005）根据奖优罚劣机制构建省级初始水权配置模型，将水权与排污权分配统一起来。杨芳等（2015）利用投影追踪混沌优化算法提出流域初始水权分配模型，为流域初始水权分配提供新的方法和思路。廉鹏涛等（2019）针对目前水资源确权存在的问题，提出以区间化动态确权的方式加以解决。Ali Sahebzadeh等（2020）采用条件风险值提出了一种新的跨流域调水工程需水分配方法。高娟娟等（2021）使用改进的层次分析法和模糊综合评价法对初始水权进行分配，能让灌区在既定约束条件下达到利益最大化。张丹等（2021）使用和谐目标优化水权分配的方法，为水权分配提供一种全新的思路。管新建等（2020）应用基尼系数法分配灌区农户间水权，为灌区水权分配提供了新思路。姚明磊等（2019）针对不同用水部门间日益激烈的用水矛盾，建立多目标规划模型，将县域水权合理分配至各用水部门。

关于实施确权的水利设施供给方式的相关研究。中国多数区域是地方政府提供农田水利资金、灌溉计量系统及维护资金（刘敏，2016）。澳大利亚采用政府提供灌溉设施并从农户手中回购取水权的政策。伴随水权转让发生，出现了工业企业等水权受让方提供计量设施的形式（张建斌，2015）。由于水资源资产价值凸显，也吸引了金融机构、政府与社会资本合作模式（PPP）以及民间投资等多种形式。美国水权体系规定，修建引水设施方能获得更优先的用水级别（Bjornlund H，2004）。中国水权制度可将水权的取得与水利投资行为相关联，拓展水利工程的社会投融资渠道（严予若等，2017）。

1.2.2 农用水权交易的运行机制研究

（1）水权交易的概念

水权交易是将水资源的使用权进行部分或全部转让，依法授予取用水户转让的权利（陈金木等，2015），水权交易被视为政府管理水资源的最佳手段（王慧，2018），用来弥补水权确权中的缺陷（任保平等，2021）。对于水权交易的概念，黄锡等（2004）从不同层面对水权交易作出区分研究，从交易和流转两个层面界定了水权交易的概念，认为水权交易与水权的流转一样，都是水权以各种形式从一方流转到另一方。林龙（2006）的研究主要针对水权的流转形式，他认为，初始国有水资源使用权代表的水权在不同水权主体之间的流转可以是两个主体之间的一次性直接交易，也可以是多个主体之间的多次的间接交易。Dyca B 等（2020）认为，水权交易是限定的一种典型的交易形式，并且把这种形式所反映的内涵定义为水权交易的实质。农用水权交易是农户将节余的灌溉用水权转让到工业企业等部门或其他缺水地区，农户享有出售水权的收益（陈金木等，2015；Guan XinJian et al.，2021）。

（2）水权交易的运行机制研究

1980 年以后，国际上普遍认同完全市场化的水权交易机制是提高水资源效率的最有效机制（Connell D，2015），代表国家有美国、澳大利亚等。2000年，中国开始探索利用市场机制来配置水资源，多数研究赞同市场机制可以激励农业节水（汪恕诚，2001；姜文来等，2009；胡继连等，2011）。中国水权市场作为"准市场"已成为共识。水市场涉及集体行动和外部性，私有产权不能解决问题（Challen R，2000；Bjornlund H，2004），对水市场应持谨慎预期（Bauer C J，1998）。基于此，诸多学者关注中国水权市场制度建设中的政府行为和作用，并对水权市场制度框架进行设计（吴丹等，2017；潘海英等，2018）。如田贵良和张甜甜（2015）从政府与市场的关系、培育中介服务机构、构建网络信息平台等方面分析了水权交易运作机制。随着近年来国家水权试点的推进，结合宁夏、内蒙古、甘肃等典型区域，诸多学者对完善水权市场的制度安排提出了建议（黄本胜等，2014；刘世庆等，2016），包括水权交易制度建设、水权交易平台信息化建设、政府和市场"两手发力"等内容（刘钢等，2018）。综上，国际上关注的重点是建立在美国、澳大利亚等国家发达市场经济基础上的水权市场机制的有效性，但中国农用水资源属于准公共物品，已经有学者证明，中国水市场只能是一个准市场（刘敏，2016；王亚华等，2017），自由市场倡导的农户间交易与中国现实不匹配，缺少符合中国实际的农用水权交易的有效实现形式研究。

（3）中国水权交易的发展状况

中国水权交易研究始于 2000 年，经历了三个发展阶段：理论探索阶段、技术发展阶段和实践推广阶段。

水权交易的理论探索阶段。2000 年，在水利部的推动下，以浙江省东阳—义乌水权交易为先导，中国掀起了关于水权和水市场研究的热潮。这一阶段的研究主要围绕水权和水市场在中国的必要性和可行性展开论证，研究水权交易的法律基础、物权解释以及相应的制度框架等。胡鞍钢和王亚华（2001）系统考察了浙江省东阳—义乌水权交易的实践意义，分析了中国开展水权交易的必要性和政策需求。张郁等（2001）提出了基于合约的水权交易市场模式，分析了市场的结构和功能。王金霞和黄季焜（2002）通过分析智利、墨西哥和美国加利福尼亚州等国家或地区的水权交易实践，给出了中国开展水权交易的政策建议。沈满洪（2005）通过对有关案例进行分析，构建了水权交易函数，通过论证水权交易中政府的作用机制，指出水权制度改革的方向。裴丽萍（2007）在总结国内外水权交易实践的基础上，研究了可交易水权的排他性、可转让性和可分割性等法理特征，分析了中国建立水市场的法理基础问题。除此之外，随着2003年开展黄河流域工农业水权转换工作，许多专家及学者对跨行业水权转换的基本特征、交易期限、转换价格、监测计量、风险补偿等方面进行了集中研究，为中国水市场总体框架的建立奠定了基础。

水权交易的技术发展阶段。严冬等（2007）耦合了水资源模型和水质模型以评估水权交易的外部性，以甘肃省黑河流域中游地区为例，设计了基于外部性消除的行政区水权交易方案。李月和贾绍凤（2007）基于新制度经济学的交易成本理论和租值消散理论，研究了水权交易的制度路径选择机制。陈志松和王慧敏（2008）研究了水市场的生命周期，提出了基于水市场生命周期的水资源管理模式的演化矩阵，进一步丰富了水市场研究的理论内涵。2008年以后，中国水权交易逐渐向技术层面发展，对水权水市场的基础理论进行了更深入的探讨。马晓强和韩锦绵（2011）辨识了水权交易对不同的客体所产生的第三方影响正效应与负效应，拓展了水权交易研究的维度。陆文聪和覃琼霞（2012）运用两阶段博弈模型分析了政府主导交易机制下的个体最优决策所导致的资源配置效率和节水效果，研究了水权交易、个体节水与政府干预之间的关系。

水权交易的实践推广阶段。2014年，习近平总书记提出"节水优先、空间均衡、系统治理、两手发力"的治水思路，赋予了中国新时期治水的新内涵和新任务。张建斌（2015）研究了金融体系与水市场的关系，从水权融资和微观水权金融服务等角度阐述金融机构支持水权交易的政策构想。2016年，水利部印发《水权交易管理暂行办法》，对可交易水权的范围和类型、交易主体和期限、交易价格形成机制以及交易平台运作规则等做出了具体规定。同年，中国水权交易所正式运营，中国开始从国家层面全面推进水市场建设。在这种情势下，中国水权交易的研究与新时期水利改革政策结合更加紧密，研究成果更加综合和实用。田贵良（2019）从负外部性行为、信息不对称等方面分析了水权市场失灵的原因，提出了水权交易全过程强监管的主要环节和措施。王寅等（2019）、Gui-liang Tian 等（2020）将合同节水与水权交易结合起来，提出"先节水后交易"与"先预售后节水"两种交易模式以及收储直销与委托代销两种交易类型。

1.2.3 农用水权交易的影响因素研究

水权交易的影响因素在文献中已被广泛深入地研究，主要归纳为三类。

（1）交易成本

交易成本是水权交易能够进行的根本因素（刘刚，2010），包括信息搜寻、时间、讨价还价、计量、监督、防止侵权与寻求赔偿成本（沈满洪等，2017；Xiaohong Deng et al.，2017）。交易成本对水市场产出有影响（Deng X et al.，2017），对非成熟水市场影响更大（王亚华等，2017；Carey J et al.，2002）。水权交易能否发生、水权市场能否有效运转，取决于是否存在或未来设计出可以降低交易成本的制度（刘刚，2010），并且交易成本对于非成熟的水权市场影响更大（Fields Christopher M et al.，2021）。Carey 等（2002）通过分析美国加利福尼亚州的一个非正式水权市场，研究发现，交易成本可以影响市场参与程度。Wang Y 等（2017）发现交易成本对黄河流域水权转让市场的有效性有显著影响，并且交易成本对农业部门的影响要显著高于工业部门。Erfani 等（2014）研究了英格兰东部大乌斯河流域的水权交易案例，水权购买者更倾向于选择水权出售数量较大的卖方以减少交易次数，从而降低交易成本。多数学者通过对流域水权市场的考察，探讨交易成本对水权市场有效性的影响，基本认为较高的交易成本会降低水权市场的有效性。由于中国小农户经营的基本国情所带来的水权交易"小规模、分散化"的特点，导致中国水权交易市场也是非成熟的（沈茂英，2021；Zhang H et al.，2021），通过完全实施市场机制来进行水权交易与中国的国情是不匹配的。

（2）预期收益

国际文献研究导向是追求竞争性市场及均衡下的利润最大化（Martin-Simpson S et al.，2018）。罗必良（2016）研究发现，农户作为理性经济人，其行为改变的主要原因在于预期收益的改变。在中国，水价形成机制不完善

（李然等，2016；刘莹等，2015），价格由交易双方协商制定（田贵良等，2015）。目前，中国水权交易的"小规模、分散化"的特点造成的低水价严重限制了农户的预期收益（吴凤平等，2019），限制了通过市场途径的潜在收益（Moore S M，2014）。

（3）其他因素

其他因素包括水利设施供给（王学渊等，2008）、交易平台（李晶等，2015）、用水户协会（吴秋菊等，2017；周利平等，2015）、第三方效应（萧代基等，2004）。水利设施的供给存在外部性所导致的"搭便车"行为，所以，小规模农户不利于水利设施的供给和水权交易（吴秋菊等，2017）。李长杰等（2006）分析了互联网水权交易系统对降低交易成本的作用，探讨了网上水权交易系统的框架流程和功能要求。张琛等（2010）探讨了基于网格技术的动态水权转换的信息监测管理平台，研究了管理平台系统的门户建设思路。王俊杰等（2017）系统梳理了国家层面、省级层面、省级以下层面的 16 家水权交易平台，分析了平台的分类、业务范围、作用与成效，以及面临的困难，提出了水权交易平台的发展建议。林雪霏和周治强（2022）通过设置对照实验，验证得出，拥有用水协会所带来的社区赋能更容易促进水权交易。Vafaei Elahe 等（2021）通过实证分析发现，设有用水协会的地区农户更倾向于实施节水灌溉技术，进行水权交易。马晓强和韩锦绵（2011）辨识了水权交易对不同的客体所产生的第三方影响，不管是正效应还是负效应都无法使农户和社会达到帕累托最优，始终存在帕累托改进。

1.2.4 农用水权交易的引致效应研究

实践证明，水权交易实施后引致多方面效应。目前，研究主要集中在节水的激励效应、福利效应和第三方效应三个方面。

一是节水的激励效应。水权交易能刺激用水者充分考虑额外成本和全部机会成本，减少过度用水（Lin Crase et al.，2000）。实践中，农用水权流转生成了节水激励机制，实现农业节水（姜东晖等，2011）。通过水权交易实现水权流转，能够使得富水地区农业水资源投入冗余部分流转到缺水地区以弥补农业水资源投入不足情况，提高了农业水资源的利用效率且配置效率得到优化（秦腾等，2022）。

二是节水的福利效应。水权交易促进使用者之间收入再分配，减少社会福利净损失（杜威漩，2010），实现水资源在时空方面的优化配置（刘家君，2014）。张建斌（2014）从消费者剩余和生产者剩余视角对水权交易的开展进行了分析，可以有效减少无水权交易所带来的水资源配置中的社会福利损失。

三是节水的第三方效应。第三方效应是指水权交易对第三方利益的影响（Green G et al.，2011），可分为正效应和负效应两类（韩锦绵等，2012；黄涛珍等，2017）。美国政府从水权持有者手中购买水权流回河流，有利于水质恢复和生态环境保护（Garrick D et al.，2013）。

研究证明，水权交易产生了激励节水和增加社会总福利的良好效应，但农用水权界定不清无法消除第三方效应，影响水权交易的实施效果。当前，在农业生产组织方式转型背景下，中国农用水权规模化交易形式的实践已经展开，并引起了不同效应，但与之相关的理论研究尚未跟进。

1.2.5 农用水权确权与水权交易的关系

自 20 世纪 80 年代以来，国际上水权制度作为优化配置和高效利用水资源的有效机制被广泛研究。实践证明，水权交易能够激励节水以提高水资源利用效率、协调水资源约束与促进经济发展（田贵良等，2020；Zhang H et al.，2021；Guan X et al.，2021；Fang L et al.，2021）。目前，中国已发生多起农用水权交易，但水权交易总体表现为"小规模、分散化"的特点，暴露出农用水权主体界定不清、水权交易成本高、收益低且无保障、农户节水积极性低等突出问题（沈茂英，2021；Zhang H et al.，2021）。水权制度体系中的初始分配与再分配机制，实践中具体化为水资源确权与水权交易，二者的关系表现在以下两个方面。

（1）确权是水权交易的前提

水权初始分配将对交易效率产生影响，水权交易应该具备三个前提：可交易、定义明确和安全的水权（沈满洪等，2017）。水权交易基于用户管理方式的建立，须确立界定清晰、可测量和易执行的用水权（Laura McCann et al.，2014）。农用水权确权是将使用权依法授予取用水户（李晶等，2015），是确定权利所属主体并对产权体系各种权利的分割（吴凤平等，2015），具体化为依法确认单位或个人对水资源占有、使用和收益的权利（杨得瑞等，2015）。因为交易成本的存在，水权初始分配将对交易效率产生影响。

（2）确权解决水权交易外部性问题

水权交易能提高水资源配置和利用效率，但会影响到第三方效应，进而削弱效率改进程度（马晓强等，2011）。在解决水资源外部性和公共物品属性所导致的问题时，产权路径强调通过市场交易方式解决，前提是产权界定清晰，能够增强水权交易的安全性，避免水权转移对环境以及第三方权益的损害。基于上述关系，美国、澳大利亚等国家自20世纪80年代开始对灌溉水权进行界定并培育水权交易市场以优化配置水资源。为缓解国内水短缺与浪费并存的困境，中国也效仿这些国家于20世纪90年代后期引入水权制度。综上，中国农用水权制度研究源于澳大利亚等国家的理论与经验，目前国内尚缺乏基于中国现实国情的农用水权确权和水权交易的内在作用机理及农用水权确权方式的研究。

已有文献对水权交易的影响因素、实施前提等进行了深入研究，为本书的研究奠定了良好基础，但仍存在拓展空间：一是中国农用水权确权和水权交易研究源于澳大利亚等国家的水权制度理论与经验，但考虑到中国农业结构、小农户生产和分水传统等因素，尚缺乏符合中国实际的农用水权确权方式和水权流转有效形式的研究；二是"小规模、分散化"的水权交易形式面临高昂的交易成本，收益低且无保障，而降成本、保障收益的途径是扩大交易规模并确权到农户，现有研究缺少如何让"分散的小农户"参与"规模化的水权交易"的研究，进而尚未对农用水权交易形式的演变逻辑和影响因素进行研究；三是中国农用水权规模化交易已有实践的案例，并引致多种效应，但缺乏相关的规模化交易的运行机制及效应的理论研究。

1.3　研究价值

1.3.1　学术价值

一是对农用水权规模化交易内涵进行了科学界定，进而研究农户分散水权的收储、交易和监管机制，为后续研究提供一个水权交易实现形式的范例。

二是农用水权确权到户保障了农户的剩余控制权，能够产生农户节水的初始激励，是对现有农业节水研究的补充和深化。

三是利用四方演化博弈模型分析了农用水权期权交易的触发机制，探究了水权期权交易的诱发条件及水权期权交易的关键影响因素；引入非线性、多重反馈的系统动力学模型（SD），探究了农用水权确权、规模化交易机制及其效应之间的因果关系，拓展了水权交易领域的研究方法。

1.3.2　应用价值

一是基于对中国资源禀赋、小农户等条件的考虑，构建相匹配的"确权到户、交易在社"的规模化交易体系，为"节水优先、空间均衡、系统治理、两手发力"治水思路提供实施路径。

二是基于对农户分散水权的收储、交易和监管机制的设计，为实施规模化水权交易提供可操作性意见。

三是农用水权期权交易作为一种创新的水权交易模式，是金融助力绿色发展的新渠道。探究农用水权期权交易的触发条件及驱动因素，推动水权期权交易模式应用于实践，为建设全国统一的农用水权交易市场提供一种选择。

四是基于对确权方式和规模化交易模式的总结及分析，为提高农业用水效率提供切实可行的对策。

1.4　研究思路及技术路线

本书遵循"提出问题—厘清问题—分析问题—解决问题"的基本思路：

首先，根据中国"小规模、分散化"农用水权交易现状，提出探索水权流转新形式的问题；其次，考虑水资源禀赋等因素，厘清农用水权交易的演进逻辑和影响因素；再次，从水权收集、交易和监管对规模化交易机制进行设计并研究其引致效应，分析规模化水权交易的实施效果；最后，从农用水权确权、农业节水、规模化交易模式、水权收储和监管四个方面，提出相应的协同提升路径，以解决中国农业水资源利用问题。研究框架及思路如图1.1所示。

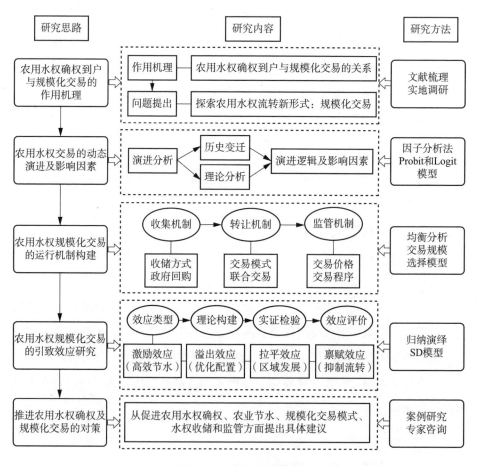

图1.1　研究框架及思路

1.5 主要研究内容

本书将"农用水权规模化交易"作为研究对象,围绕确权到户与规模化水权交易的生成逻辑、农用水权交易的演进逻辑和影响因素以及农用水权规模化交易的运行机制构建、效应、政策建议等方面展开。各章节主要研究内容如下:

第1章 引言

主要阐述了农用水权规模化交易的研究背景,对农用水权确权及水权交易的内涵、关系、影响因素及效应等研究进行了梳理,介绍了本书的研究思路和主要研究内容。

第2章 农用水权规模化交易的生成逻辑

首先,在分析中国农用水资源的利用现状及产权状况基础上,提出当前农用水资源利用及水权交易存在的问题。其次,理论推导了确权到户能产生农户节水的初始激励,以及确权到户下水权交易是实现节余水经济价值的作用机理。最后,分析了农用水权规模化交易的生成逻辑,提出"确权是水权交易的前提,确权到户能保障农户水权收益,产生农业节水激励""规模化交易可以降低农用水权的交易成本并提高水权收益"两个理论假说。

第3章 农用水权确权状况及对农业节水的激励机制分析

在第2章对农用水权确权及确权到户内涵界定基础上,依次对中国农用水资源确权的需求、农用水权确权的现状及问题、农用水权确权的影响因素进行了分析。基于黄河流域9个省份的微观调研数据,进一步研究农用水权确权、确权程度、灌溉面积等对农户的节水激励,探明了农用水权确权对农户节水的激励及其传导机制。研究发现,农用水权确权通过安全效应、信贷效应和交易效应影响农户节水意愿和意愿节水投资金额。农用水权确权程度的提高会导致农户节水意愿和意愿节水投资金额增加,尤其对中户和特大户的影响更显著；农户对农用水权抵押贷款的预期会显著增强农户的节水意愿，但对农户意愿节水的投资金额不会产生影响；农户的节水意愿与当地发生的农用水权交易无关，但水权流转程度越高的地区，农户意愿节水的投资金额越高。

第4章　农用水权交易的演进及影响因素

通过对比分析国内外水权交易状况，从历史变迁和理论变迁两个角度分析农用水权交易的演进路径和逻辑，提出"水权行政分配和再分配—水权交易探索—水权交易试点及加速发展"三个阶段。构建了农用水权交易影响因素的层次结构模型，结合因子分析，从交易成本、交易方式、交易价格和交易规模四个方面对影响农用水权交易的因素进行了实证分析。结果表明，水权交易成本中的水权确权系数和水利固定资产投资额对农用水权交易有显著影响，而交易规模中的人均耕地灌溉面积、农田灌溉水有效利用系数对农用水权交易有显著影响。因此，借助农民用水协会（Water User Associations，WUA）推进水资源确权到户、探索"规模化交易"水权流转新形式、拓宽水利项目融资渠道以增加水利资产投入、推进节水改造、挖掘农业节水潜力等措施，以期扩大交易规模、降低交易成本，促进农用水权交易发展。

第5章　农用水权交易规模的均衡选择及规模化交易机制

首先，通过构建农用水权交易规模的均衡选择模型，分析了农用水权交易规模的均衡数量，发现农用水权的交易行为受到水权排他性成本和内部管理成本的双重制约，具体化为村集体之间、乡镇之间、县级之间、跨灌区跨流域的水权交易形式。其次，考虑到中国农用水权交易规模选择的特殊性，农用水资源的利用面临着多重决策，中国农用水权交易更倾向于采取集体行动而难以效仿国外完全竞争的自由市场方式，水权交易行为对集体行动的选择是一种正反馈机制。最后，构建了多层次、全国性农用水权规模化交易体系，分别从交易模式的内涵、交易流程、交易实践等方面进行了设计。

第6章 农用水权规模化交易的期权交易模式

实现农用水权规模化交易的一种方式是构建多层次农用水权规模化交易体系，另一种实现方式是拓展农用水权的期权交易，从期权交易层次推动农用水权交易的实施和农业节水。农用水权期权交易作为一种创新的水权交易模式，是金融助力绿色发展的新渠道。探究农用水权期权交易的触发条件及驱动因素，推动农用水权期权交易模式应用于实践，也是建设全国统一的用水权交易市场的重要内容。基于农用水权期权交易触发这一新视角，构建农业用水者、工业用水者、政府管理部门以及金融机构四方演化博弈模型，运用复制动态方程和 Lyapunov 第一法则定性研究各博弈主体策略选择的稳定性及系统中可能存在的稳定均衡点。为验证演化稳定性分析的有效性，更直观地展示复制动态系统中关键要素对 ESS 博弈策略演化过程的影响，对中国水权试点地区的内蒙古自治区的水权交易数据，结合现实情况，将模型赋以数值，利用 Matlab2018 对各博弈方的演化轨迹进行数值仿真研究。结果发现，提高农用水权期权费定价、金融机构降低交易成本、政府管理部门公信力损失风险的增大以及政府管理部门加大对金融机构经济补贴，会增加农业用水者、工业用水者、政府管理部门以及金融机构参与农用水权期权交易的概率，且 ESS 稳定。因此，通过制定农用水权期权交易相关规章制度并开展试点工作、发挥政府作用调控金融创新服务的补贴力度、创新绿色金融业务模式以降低农用水权期权交易成本、合理定价期权费以改善农业用水者的弱势地位，促进中国农用水权期权交易的现实开展。

第7章 农用水权规模化交易的收储机制与监管机制

从水权交易前期的水权收储机制和后期的监管机制两方面来分析农用水权规模化交易的配套机制。一是农用水权的收储机制。综合考虑农户节水意愿、农业生产结构、生产组织特征、地方政府功能、水权购买方等因素，结合地方政府、购水方、农民用水协会等社会化服务组织功能，设计了"工业企业回收农用水权""地方政府回购农用水权""水银行收储农用水权"三种节余水权的回购和收储机制。二是农用水权规模化交易的监管机制。针对

"农户+用水大户投资农业节水""农户+地方政府回购""农户+农民用水协会""全国性农用水权匹配"四种规模化交易模式，分别从交易主体、交易客体、交易价格、市场准入、交易影响等方面的监管进行设计。

第8章 农用水权规模化交易的引致效应分析

引入非线性、多重反馈的系统动力学模型（SD），对农用水权规模化交易产生的效应进行了实证研究。运用 Vensim 软件对河南省、江苏省和浙江省的农用水权规模化交易机制进行仿真分析，结果表明，农用水权的收储机制、交易机制、监管机制均能有效促进水权交易的进行，具体表现为：一是能够促进农户因节水、高效用水而产生的激励效应；二是能够促进水资源在行业、部门间流动对水资源优化配置产生的溢出效应；三是缓解缺水部门用水短缺困境从而促进区域经济发展的拉平效应；四是水资源稀缺性增强、农户惜售可能产生的禀赋效应，且监管机制对水权交易的促进作用有一定的时滞影响。

第9章 推进农用水权确权及规模化交易的对策

根据研究结论，从国情条件、农用水权确权、农业节水、水权交易形式等多个层面，确定符合实际的协同提升路径，提出推进农用水权确权及规模化交易实施的具体政策建议。

1.6 研究方法

第一，基于黄河流域9个省份的微观调研数据，运用 Probit 和 Logit 模型研究农用水权确权、确权程度、灌溉面积等对农户的节水激励，探明了农用水权确权对农户节水传导机制。

第二，通过构建农用水权交易影响因素的层次结构模型，结合因子分析，从交易成本、交易方式、交易价格和交易规模四个方面对影响农用水权交易的因素进行了实证分析。

第三，构建农用水权交易规模的均衡选择模型以确定农用水权交易适度规模。

第四，针对农用水权规模化交易的期权交易模式，采用方差伽马方法构建农用水权期权定价模型，对农用水权期权费进行定价分析，并利用四方演化博弈模型分析农用水权期权交易的触发机制，探究了水权期权交易的诱发条件及水权期权交易的关键影响因素。

第五，引入非线性、多重反馈的系统动力学模型（SD），对农用水权规模化交易产生的效应进行实证研究，并运用 Vensim 软件对河南省、江苏省等标志性水权试点地区的农用水权规模化交易机制进行仿真分析。

第六，专家咨询法。综合采用专家咨询、调研、访谈等方法，提出促进农用水权确权、规模化交易的协同提升路径与对策。

1.7　研究的创新之处与展望

1.7.1　研究的创新之处

第一，学术观点创新。农用水权规模化交易是探索一种新的水权流转形式。基于对中国国情、水权市场机制的科学认识，探索符合中国实际的水权交易机制，从分散水权的收集、交易和监管三个层面进行设计，形成"分散确权、规模化交易"新模式，重构农用水权交易的理论范式。

第二，研究方法创新。首先，引入演化博弈模型分析农用水权期权交易的触发机制，探究了水权期权交易的诱发条件及水权期权交易的触发驱动因素；其次，将非线性、多重反馈的系统动力学模型（SD）应用到水权研究领域，实证研究了用水权规模化交易产生的效应，并运用 Vensim 软件对河南省等水权试点地区的农用水权规模化交易机制进行仿真分析，探究了农用水资源确权、规模化水权交易与效应之间的关系。

第三，实践应用创新。构造的五种规模化交易模式适应于实践中多种环境条件，更符合中国农业结构和生产组织方式，在实践中应用性更强。考虑行政分水传统、人均资源占有量等因素，一是构造了"农户+地方政府""农户+农民用水协会""农户+工业企业""全国性农用水权匹配"等多层次、全国性规模化交易体系；二是将期权交易拓展到水权领域，构建农用水权规模化交易的期权交易模式，农用水权期权交易作为一种创新的水权交易模式，是金融助力绿色发展的新渠道。利用演化博弈模型分析农用水权期权交易的触发机制，探究了水权期权交易的诱发条件及水权期权交易的关键影响因素。

1.7.2　研究展望

第一，本书在农用水权确权能够激励农业节水的实证分析中，采用的是黄河流域 9 个省份的微观调研截面数据，需要对样本数据进行跟踪调查以形成面板数据；分析是否存在时空相关性，需要在今后的研究中拓展。

第二，对于农业水权确权到户与规模化交易的关系研究，本书基于"确权是水权交易的前提，确权到户能保障农户水权收益，产生农业节水激励"和"规模化交易可以降低农用水权的交易成本并提高水权收益"两个假说进行了理论和实证分析，但二者之间是否存在中介和调节变量，是今后进一步研究的方向。

第三，农用水权确权通过安全效应、信贷效应和交易效应影响农户节水意愿和意愿节水投资金额。农用水权确权程度的提高会导致农户节水意愿和意愿节水投资金额增加，尤其对中户和特大户的影响更显著。研究绿色金融、绿色信贷能否促进农业节水技术投资，如何吸引金融资金投入农业节水、提高农业灌溉用水效率，为全面实施农业节水提供了理论参考。

第四，本书从交易主体、客体、价格、平台、流程等方面构建了农用水权期权交易的具体运作模式，利用演化博弈模型及复制动态方程，研究了农用水权期权交易的触发机制，并以内蒙古为例，进行了仿真模拟。未来应持续分析水资源价格的动态变化过程，修正农用水权期权伽马方程定价模型，挖掘农用水权期权定价模型中各变量因素的复杂关系，在实践中不断修正，有待现实的检验及应用。

第 2 章

农用水权规模化交易的生成逻辑

2.1 农用水资源利用现状及问题

2.1.1 农用水资源利用现状

在世界范围内，中国作为世界上水资源最短缺的 13 个国家之一，水资源的有效利用率仅为发达国家水平的 1/3。根据 2004—2021 年全国农业用水数据（见表 2.1），在我国的水资源利用中，农业用水量在用水总量中所占比重最低的是 2019 年 61.16%，最高的是 2004 年 64.63%，近十几年来，农业用水量一直占全国用水总量的 61% 以上。因此，在农业、工业、生活和生态用水这四类用水主体中，农业部门作为耗水量最大的用水部门，其用水效率水平和节水的现实状况关系到整个社会的用水效率高低，农田灌溉用水占农业用水量的 90% 以上。根据表 2.1 中的数据，从全国范围看，农业节水灌溉面积在农业有效灌溉面积中所占的比重除 2017 年、2018 年、2019 年、2020 年提高到 50% 以上水平，其余年份仅为 40% 左右，最低的是 2004 年的 37.35%，最高的是 2020 年的 54.65%，17 年来的平均水平仅为 45.97%。

表 2.1 2004—2021 年全国农业用水及节水状况

年份	用水总量/亿立方米	农业用水量/亿立方米	农业用水量占用水总量的比重/%	农业有效灌溉面积/千公顷	节水灌溉面积/千公顷	节水灌溉面积占有效灌溉面积的比重/%	农田灌溉水有效利用系数
2004	5547.80	3585.70	64.63	54478.42	20346	37.35	—
2005	5632.98	3580.00	63.55	55029.34	21338	38.78	—

续表

年份	用水总量/亿立方米	农业用水量/亿立方米	农业用水量占用水总量的比重/%	农业有效灌溉面积/千公顷	节水灌溉面积/千公顷	节水灌溉面积占有效灌溉面积的比重/%	农田灌溉水有效利用系数
2006	5794.97	3664.45	63.24	55750.50	22426	40.23	—
2007	5818.67	3599.51	61.86	56518.34	23489	41.56	—
2008	5909.95	3663.46	61.99	58471.68	24436	41.79	—
2009	5965.15	3723.11	62.41	59261.40	25755	43.46	—
2010	6021.99	3689.14	61.26	60347.70	27314	45.26	—
2011	6107.20	3743.60	61.30	61681.56	29179	47.31	—
2012	6141.80	3880.30	63.18	62490.52	31217	49.95	0.510
2013	6183.45	3921.52	63.42	63473.30	27109	42.71	0.516
2014	6094.86	3868.98	63.48	64539.53	29019	44.96	0.523
2015	6103.20	3852.20	63.12	65872.64	31060	47.15	0.530
2016	6040.20	3768.00	62.38	67140.62	32847	48.92	0.536
2017	6043.40	3766.40	62.32	67815.57	34319	50.61	0.542
2018	6015.50	3693.10	61.39	68271.64	36135	52.93	0.548
2019	6021.20	3682.30	61.16	68678.61	37059	53.96	0.554
2020	5812.90	3612.40	62.14	69160.52	37796	54.65	0.565
2021	5920.20	3644.30	61.56	69625.35	—	—	0.568

注：2004—2011 年度没有农田灌溉水有效利用系数指标。2021 年节水灌溉面积未公布。

资料来源：中华人民共和国国家统计局，《中国水资源公报》数据查询，http：//data.stats.gov.cn/workspace/index？m=hgnd。

近年来，国家决策层对水资源开发利用、农用水资源确权和交易非常重视，相继出台了多个水资源利用及控制的政策和法规。2012 年 1 月，国务院发布了《关于实行最严格水资源管理制度的意见》，这是继 2011 年中央一号文件和中央水利工作会议明确要求实行最严格水资源管理制度以来，国务院对实行该制度做出的全面部署和具体安排，是指导当前和今后一个时期我国水资源工作的纲领性文件。该文件确立了水资源开发利用控制、用水效率控制和水功能区限制纳污"三条红线"，具体来说，一是确立水资源开发利用控制红线，到 2030 年全国用水总量控制在 7000 亿立方米以内；二是确立用水效率控制红线，到2030年用水效率达到或接近世界先进水平，万元工业增加值用水量降低到40立方米以下，农田灌溉水有效利用系数提高到0.6以上；三是确立水功能区限制纳污红线，到2030年主要污染物入河湖总量控制在水功能区纳污能力范围之内，水功能区水质达标率提高到95%以上。《中共中央关于制定国民经济和社会发展第十三个五年规划的建议》提出，要实行最严格的水资源管理制度，以水定产、以水定城，建设节水型社会。2016年11月，水利部、国土资源部联合印发《水流产权确权试点方案》，明确了"水资源使用权确权"的任务；2017年中央一号文件明确指出："把农业节水作为方向性、战略性大事来抓，加快水权水市场建设，推进水资源使用权确权和进场交易。"党的十九大报告中强调"深化农村集体产权制度改革，推进资源全面节约，实施国家节水行动"；遵循习近平总书记提出的"节水优先、空间均衡、系统治理、两手发力"新时期治水思路，落实到水权制度建设方面，水利部表示着力开展水资源使用权确权登记，探索水权流转实现形式。这些对解决中国复杂的水资源问题提出了要求并指明了方向，即构建节水型社会，逐步提高产业的水资源利用效率，表明节约用水、提高水资源利用效率已经成为未来产业可持续发展的重要内容。

2.1.2　农用水资源存在的问题

目前，中国水资源短缺与水资源浪费并存已是不争的事实。鉴于上述水资源利用现状的分析，农业部门作为最大的用水主体，2020年农业用水量占用水总量的62.14%，农业节水灌溉面积占有效灌溉面积的54.65%，但农田灌溉水有效利用系数仅为0.565，距离国家用水效率控制目标"到2030年农田灌溉水有效利用系数提高到0.6以上"还有差距，而同期农业发达国家的有效利用系数则在0.7~0.8。农田灌溉水有效利用系数低、实施节水行为比例低的现状，是导致水资源大量浪费的一个重要原因，结果降低了农用水资源的利用效率，进一步加剧了水资源严重短缺的问题。水权和水市场具有行为激励和环境资源优化配置功能，普遍被认为是管理水资源和实现节水的有效手段。理论上，水权交易有很大的潜在收益，在美国、澳大利亚、智利等国家也有诸多成功实践。因此，研究农业用水的相关水权问题对提高水资源的经济效率具有重要的理论研究价值和现实意义。

中国自 2000 年出现"东阳—义乌"第一例水权转让后，水权交易与水市场建设发展迅速，取得明显成效，但总体表现为"小规模、分散化"的特点。当前，水资源领域最突出的问题是水权没有发挥其最大的节水效应，而农用水资源使用权确权是激励农户节水的前提。农户间的水权交易机制在中国失效的原因是，中国特定国情环境约束下受水权交易成本的制约，即农户的人均水资源量少，农户间进行水权交易的成本高于收益。因此，提高农用水资源利用效率的关键是如何对其确权并降低交易成本。降低交易成本的有效途径是扩大交易规模，村、乡镇、县等上级政府或水利机构可直接向农户"回购"节余水权并进行再交易，而为激励和实现农户节水，需要将使用权进行确权以保证拥有剩余控制权。因此，农用水权确权到户及其适度规模化交易，是实现农业节水、推进国家节水行动的关键。

2.2 确权产生农户节水初始激励的机理分析

2.2.1 农用水资源的产权状况及产权经济学理论分析

实践中，美国、澳大利亚、智利等国家水权市场运行良好，这些国家的农用水资源是私有产权，附属于其土地所有者，实行的是水资源产权的私有化。农场主、农户拥有农用水资源的所有权，且拥有对水资源进行开发、转让等其他处置权利。政府不直接参与水资源开发、使用及交易过程，仅仅提供水资源等法律法规的制定和保障制度的实施。因此，国际文献研究导向是在西方主流的自由市场经济背景下，追求竞争性市场及均衡下的利润最大化（Martin-Simpson S et al.，2017），水权交易的收益由交易价格和交易水权量共同决定。制度经济学、科斯定理及外部性等理论为水权交易机制及水权市场建设提供了理论支撑，在水权市场上主要依靠市场机制配置和再配置水资源。

中国的农用水权主要包括水资源所有权、取水权、供水权和用水权，以及其他一些衍生的权利（胡继连，2010），农用水权是由多项权利构成的权利束而不是某一项权利。具体来说，根据《中华人民共和国水法》（以下简称《水法》）"水资源归国家所有"的规定，灌溉农户或用水户仅是农用水资源的使用权主体，国家才是真正的所有权主体，而各个地方水利部门、灌区和供水企业享有取水权。水资源经济效率包含配置效率和利用效率两方面，其中配置效率是基于水权交易、水权转让行为等再配置的效率，基于此，本书研究的是用水户的具体使用和处置水资源的行为，故农业用水户在一段时间内对农用水资源的使用权是农用水权权能中的研究重点，对应的产权主体是各个农业用水户。产权排他性指的是只能由产权所有者自身承担其拥有、使用资源所产生的所有成本及收益，包括对产权进行转让获利以及其他处置的权利，并能够将其他主体排除在外以保护其应有收益（Tom Tietenberg，2005），即产权主体拥有该物品的所有垄断性权利并且对外有足够的排斥性。据此，农用水权的排他性是指农户对水资源使用权的垄断特征，有能力保护其拥有的水权并阻止他人使用、占用或处置。根据产权经济学理论得知，产权结构的差别会导致经济产出的不同，自亚当·斯密以后的经济学家普遍赞同，最有效率的产权结构是具有强排他性的私有产权（王亚华，2013）。而有效率的产权结构包含六个要素，分别是产权的排他性、可转让性、分割剥离程度、行使性、积贮性和限定性，这六个要素决定了产权质量的优劣。其中，产权排他性是产权质量六要素中最基本的特征，其强度直接影响着其他五个要素的状况，由此决定了产权属性和产权质量高低，进而影响产权效率。因此，农用水权的排他性和排他强度是决定水资源经济效率高低的重要因素。

农用水权的产权属性是典型的俱乐部产权。中国不同地区在水文、地形等方面存在较大的差异，农用水资源的利用方式主要有地下水井灌区和地表水灌区两大类，其中，地表水灌区又分为河流灌区和水库灌区，多通过县、乡镇专门的灌区管理机构来对水资源进行分配、管理和使用。根据《水法》规定，这些不同类型灌区的农用水资源的使用权归灌区内全部农户所有，而具体实施分配水权和管理水资源利用的则是灌区管理处及各级排灌处。例如，河南赵口灌区采取分级负责的管理模式，灌区的专管机构是河南省豫东水利工程管理局下的赵口分局，主要负责整个灌区的供水、用水和各部门的协调、干渠及支渠的工程养护和维修，除了开封市、尉氏县、鄢陵县分别设有引黄管理机构，下属的乡镇及其他的县市等还没有相应的引黄专管机构。以山东聊城位山引黄灌区为例，位山灌区管理处属市级专管机构，负责将灌溉水资源分配到各县（市、区）的排灌处；县、市、区排灌处属县级专管机构（曹传勇等，2006），其主要职能是将分得的灌溉水资源进一步分配到各乡镇层面；灌溉水权界定到各乡镇层面后，乡镇内部未做更细致分配。从上面两个灌区的管理模式可以看出，乡镇集体的灌溉水资源归乡镇内部所有农户共有，凡是内部成员均可使用，即对内不存在排他性，但集体内的水资源短缺时，成员间的用水行为具有一定的竞争性；本乡镇范围之外的农户则无权使用和消费，这部分水资源是被排除在消费行列之外的，即对外具有排他性。由此得出，农用灌溉水资源是一种以乡镇为单位，对外具有使用上的排他性，对内具有消费竞争性和使用上非排他性的俱乐部物品，与此对应，其产权属于俱乐部产权形式。

综上所述，中国与美国、澳大利亚等水权市场运行良好的国家在国情、水情方面存在差异，不能直接借鉴西方的理论和模型。中国农业结构和小农经济的国情，导致人均占有的水资源量少，且农用水权的俱乐部产权属性，让农用水资源仅确权到乡镇集体这一层面，处于同一乡镇的所有农户均可以无竞争性地使用水资源，但农户只有水资源的使用权，排他权、存储权、转让权等其他权利处于缺失或难以实施的状况。考虑水资源禀赋、农业结构等国情条件差异，建立与国情条件相匹配的水权制度及适度规模的水权交易模式，前提是对农用水资源进行确权，具体包含使用权、转让权、处置权及保障这些权利实施的排他权。

2.2.2 确权到户能产生农户节水初始激励假说

产权理论界，尤其是国际文献中所研究、讨论的水权，是基于私权体制下的水资源的产权问题。而中国的水资源所有权归国家所有，因此各级政府对水资源开发在法理上具有合理性，由此决定了中国水资源分配形成了比较有特色的体系（王喜峰等，2019）。

（1）农用水权确权及确权到户的内涵

农用水权确权是将水资源使用权依法授予取用水户（李晶等，2015），是主要权利所属的主体以及对水资源产权体系各种权利的分割（吴凤平等，2015），具体化为依法确认单位或个人对水资源占有、使用和收益的权利（杨得瑞等，2015）。在这种环境下，水权是指水资源这一财产的所有权，具体内容包括以下两个方面：一是农户所拥有的不是农用水这一自然资源，而是该资源的权利，这些权利就是财产；二是所有权不是对水资源的使用权、交易权、收益权等具体权利的有限列举，而是所有能涉及的权利。在这里，水权就是可以由法律界定与保护的水资源利益。在市场机制配置资源的基本前提下，只要界定了水权，并通过价格机制来配置、调制水资源，就可实现整个社会福利的最大化。

中国的水资源所有权归国家或集体所有，农户拥有水资源的使用权，水资源所有权与使用权二者是分离的，隶属不同的主体，因此，中国农户所拥有的水资源产权并不是"所有可能涉及的权利"。根据 Yoram Barzel（2015）的产权理论研究成果，将产权分为"法定权利"和"经济权利"两个层面。"法定权利"是指那些国家法律认定的归属于某一特定主体的资产，而"经济权利"则是指主体拥有的那些如何处置资产的属性或权利。罗必良（2017）将上述分类转述为"产权赋权"与"产权实施"。"法定权利"即"产权赋权"，财产所有权是财产占有的法律形式，体现了赋权主体的意志和支配力量，具有法律赋予的强制力；"经济权利"对应为"产权实施"，就是产权主体对产权的实施，具体包括对产权进行转让、交易等处置行为的行使能力。由此可见，清晰界定资源的"法定权利"很重要，但产权主体是否具有其"经济权利"的行使能力和处置能力更为重要。现实化到中国的农用水资源产权领域，确权的内容和重点是让水权主体（农户）依法具有对农用水资源的使用、存储、转让、交易等"经济权利"的实施能力，而不是将水资源的所有权界定给农户。

农用水权确权到户包括三个方面的内容。一是产权主体的确定。产权主体分为所有权主体和使用权主体两类。首先是农用水资源所有权的界定，即如何将农用水权界定给乡镇或村集体，从而明确其所有权主体；其次是将农用水资源的使用权界定给个体农户，明确其使用权主体。所有权主体的确定是"法定权利"层次的界定，使用权主体的界定则是"经济权利"契约层次的界定。二是产权范围的界定。包括水权使用时间（短缺或长期）的界定及水权数量（水权登记份额）的界定。三是产权内容的界定，即水权的排他权利、处置权利、转让交易权利的确定。上述"经济权利"的分割程度和权利强度是农用水权确权到户的关键。

（2）农用水权确权到户激励农户节水假说

清晰且有保障的产权是资源高效利用及实现社会福利最大化的前提。根据科斯定理，产权模糊，尤其是产权排他性权利的弱化难以保障产权主体的预期收益，进而产生资源利用的机会主义行为，必然导致产权剩余索取权租金的耗散。因此，农用水权的"确权"即产权的界定显得尤其重要。

确权到户保障农户水权收益，进而激励农业节水。在水资源利用领域，水权尤其是农用水权的产权模糊问题被认为是水资源浪费及水权交易难以实施的根本原因。借助水权市场提高用水效率的逻辑，通过对农用水权确权，将水资源这一公共物品转变为具有一定排他性的私人物品，让农户拥有水资源的剩余索取权，在水权市场上出售节余的农用水以获得相应收益，进而激励农户节水，形成正反馈机制。从全国范围看，2020年我国农业用水量占全部用水量的62.14%，自2012年开始测算"农田灌溉水有效利用系数"这一指标以来，其指标数值持续停留在0.5左右；农业节水灌溉面积占有效灌溉面积的比重仅在2017年、2018年、2019年、2020年提高到50%以上水平，最低的比重是 2004 年的 37.35%，最高的是 2020 年的 54.65%，17 年来的平均水平仅为 45.97%。由此可见，农业用水的公共产权属性导致了用水效率低的现状，农用水资源存在巨大节水空间，确权到户则能为农户节水提供可能和激励。

农用水权确权到户是水权交易的前提。水权交易应该具备三个前提：可交易的水权、定义明确的水权和安全的水权（沈满洪等，2008），水权交易必须基于用户管理方式的建立，确立界定清晰的、可测量和易执行的用水权（Dustin Garrick et al.，2014）。水权交易是将水资源使用权的部分或全部转让，依法授予取用水户，确认取用水户的权利和义务，由于交易成本的存在，水权的初始分配将对水权交易效率产生影响，所以，进行水权交易的首要前提是水权清晰。2016 年，国务院办公厅印发了《关于推进农业水价综合改革的意见》，决定稳步推进农业水价综合改革，以促进农业节水和农业可持续发展。文件指出，要围绕保障国家粮食安全和水安全，落实节水优先方针，政府和市场协同发力，建立农业水权制度，以县级行政区域用水总量控制指标为基础，按照灌溉用水定额，逐步把指标细化分解到农村集体经济组织、农民用水合作组织、农户等用水主体，落实到具体水源，明确水权，实行总量控制。现行农业用水的俱乐部产权状态下，由于农业用水户无法行使其排他性产权并获取合理的收益，作为理性经济人，农业用水户的用水决策是，在保障农作物安全的前提下，最高程度、最大限度地用水，往往采用大水漫灌的模式，普遍存在灌溉频率高、用水量大、跑漏水等严重浪费水现象；因为无法享有节水收益，农户没有主动实施节水的意愿和行为，农业用水比重多年维持在 60% 以上，农田灌溉水有效利用系数徘徊在 0.5 左右。农户灌溉相当于用"大锅水"，农户普遍缺乏节水意识，节水农业发展缓慢。农用水资源确权到户后，农户拥有水资源的使用、存储、转让或交易等处置权利，农户对节余的水资源可以留作以后使用，也可以进行出售以获得相应的收益，拥有了水资源的剩余索取权，可以享受到节水产生的所有收益，能够激活农户的节水潜力，用水意识由原来的政府法规和用水道德约束的"要我节水"转变为农户主观上的"我要节水",用水行为由原来的"浇地"转变为"浇庄稼"。

根据以上分析得出农用水权确权到户能对农户节水产生初始激励。

2.3 水权交易实现农户节余水权经济价值的机理分析

2.3.1 农用水资源具有经济价值

1992 年在里约热内卢召开的联合国环境与发展大会通过了《二十一世纪议程》,其中第 18 章关于保护淡水资源的建议(被称为"都柏林—里约原则")受到了国际社会的普遍支持,成为支持水资源综合管理的指导性原则。"都柏林—里约原则"准确阐述了 4 个水资源管理的问题和趋势倾向:第一,淡水是一种有限而脆弱的资源,对于维持生命、发展和环境必不可少;第二,水的开发与管理应建立在共同参与的基础上,包括各个层次的用户、规划者和政策制定者;第三,妇女在水的供应、管理和保护方面起着中心作用;第四,水在各种竞争用途中均具有经济价值,因此应被看成一种商品。水的全部价值包括水的使用价值和内在价值。内在价值包括非利用价值,如遗产或存在价值;使用价值也可称为经济价值,因此,水具有经济价值,其价值高低取决于用水户和水的利用方式。以往水被看作免费的物品,导致水资源管理中的诸多失误,将水分配给低价值使用者。从可利用水资源中获取最大收益,需要重新认识水资源的价值,并意识到行政和管理手段下分配水资源的机会成本。水资源在不同用途中存在价值差异,决定了水资源分配模式的机会成本不同。因此,应对水资源进行收费,使用水量超额或需要提供额外供水服务的用水户为此支付费用,对诸如采用节水等需求管理的行为进行鼓励,保证其节约水资源的成本回收和收益实现,这些经济手段可以充分体现水资源的价值,且对水资源的高效利用和保护产生重要影响。

2.3.2 产权的激励功能

产权具有激励功能，德姆塞茨认为，产权是一种社会工具，其重要性在于帮助一个人形成与其他人进行交易时的合理预期。因此，水资源产权可以保证农户出售节余水资源的收益和预期。水资源具有商品属性，交易是买卖双方对有价物品及服务进行互通有无的行为，水权交易是买卖双方对水资源及其权利进行互通有无的行为，是水权的部分或全部转让。水权交易使得水权拥有者通过节约用水而产生节余水权，并通过让渡这部分节余水权而获得经济补偿或收益，而水权购买者因为购入水权产生成本，这种市场交易机制可以使得水权所有者产生节约水资源的内在激励。因此，良好的水权市场是破解新时期水资源管理主要矛盾的有效手段之一。国内外实践证明，水权交易能够激励节水并提高水资源利用效率、协调水资源约束与促进经济发展。

2.3.3 确权到户下水权交易实现节余水权经济价值的作用机理

在安全效应方面，确权到户可以明显增强农户用水的预期稳定性，从而增强农业用水的安全性，这种安全性的提升主要是由于农用水权排他性的提高和外部性的减少。通过增加农用水排他性和减少外部性来提升农户用水安全性，达到农业节水的目的。在信贷效应方面，长期的信贷约束会限制农户的农业投资，通过确权程度的提高可以减少银行对农户的信贷约束，从而加大对节水设备的投资，达到农业节水的目的。在交易效应方面，确权能够降低交易成本，促使农用水权进行交易。水权交易可以将水资源从价值低的地方转移到价值高的地方，刺激用水者重新考虑全部的成本和收益，提高用水效率，达到农业节水的目的。

2.4 农用水权规模化交易的生成逻辑及理论假说

目前，中国已发生多起农用水权交易，交易类型主要有区域水权交易、取水权交易、灌溉用水户水权交易三种，交易方式以协议转让、公开交易为主，交易期限分短期临时性和长期。

2.4.1 当前农用水权交易存在的问题

农用水权交易总体表现为"小规模、分散化"的特点，暴露出农用水权主体界定不清、交易成本高、收益低且无保障、农户节水积极性低等突出问题。水权交易发生的条件是交易成本与收益比较，当交易带来的收益大于交易成本时，水权交易有发生的动机，反之则不然。因此，促进农用水权交易有效进行，需要从提高交易收益和降低交易成本两个方面进行分析。

（1）农户进行水权交易的收益低且无保障

水权交易收益由交易水量和交易价格两个因素决定。一是可交易的水权量。国际上，水权交易实践趋势是在自由市场经济背景下，作为农用水权拥有者的农户在竞争性市场上为追求个体利润最大化而做出是否交易决策。国际水权交易研究也多集中于让个体农户参与水权交易，以实现农业节水和用水效率。但在中国，水资源稀缺及小农生产的农业结构现实，导致农户的水权量取决于所拥有耕地的数量。中国的人均耕地面积少，农户水权量少且分散，决定了中国的灌溉农户间的水权交易是一种小规模、分散化的交易。二是水权交易价格。目前中国还没有形成完善的水价定价机制，交易价格主要由交易双方协商完成，分散的小农户与作为购买方的工业企业等处于一种严重的谈判地位不对称状态，农用水权交易协商价格很低，降低了水权交易的收益。实践中，农用水权购买方难以与众多分散的农户谈判且签订购水协议，往往由地方政府及水管部门代为行使农户的权利，致使农户难以保障获取并享有水权交易带来的收益。

（2）农用水权交易成本高

水权交易成本主要包括交易前的信息搜寻成本、讨价还价成本及交易发生后的监督成本、防止侵权与寻求赔偿成本等。水权交易发生与否及效率高低取决于是否存在能降低交易成本的制度设计。中国众多分散小农户间高频率、小规模水权转让的交易成本非常高，农户间依靠市场机制实施水权交易与国情不匹配。

2.4.2　农用水权规模化交易的生成逻辑及假说提出

（1）农用水权规模化交易的生成逻辑

从农用水权交易的收益和成本分析出发，通过比较其边际收益和边际成本，建立农用水权交易的均衡数量模型，可以得出农用水权交易的最佳规模和均衡数量，具体模型分析见图 2.1 和图 2.2。

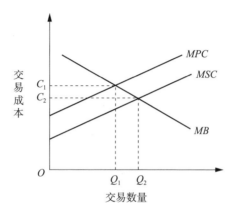

图 2.1　农用水权交易成本与交易数量

在图 2.1 中，纵轴为农用水权交易成本，横轴为农用水权的交易数量。MPC 是农户进行水权交易的边际私人成本曲线，表示个体农户为达成一项水权交易而承担的单位水权交易数量的成本，包括水权交易信息搜寻、谈判等成本。MSC 是进行水权交易的边际社会成本曲线，是村集体、用水协会等组织作为整体去谈判而达成一项水权交易的单位水权交易数量的成本。MB 是水权交易的边际收益曲线，代表着单位水权交易数量的收益。作为理性经济人，个体农户的边际私人成本曲线 MPC 与边际收益曲线 MB 的交点 Q_1 是水权交易的"最佳规模"，即现实中的水权交易量，此时单位水量交易成本为 C_1；但考虑集体理性，水权购买方与众多分散农户的代表（用水协会或村集体组织）进行交易，单位水权交易成本要低于个体农户分别进行的交易成本，因此，边际社会成本曲线 MSC 与边际收益曲线 MB 的交点 Q_2，是农用水权交易的最优规模量，此时单位水量交易成本为 C_2，$C_1>C_2$，$Q_1<Q_2$。由上述分析可以看出，在现实中，分散的个体农户进行农用水权交易的成本 C_1 大于农村集体形式的水权交易成本 C_2，由此导致现实的水权交易实践中，水权交易量 Q_1 低于最优的交易规模 Q_2。即分散、小规模农户间的水权交易形式，其交易量低于使水资源经济效率达到最优水平的交易规模。

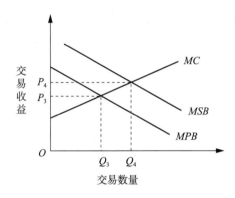

图 2.2　农用水权交易收益与交易数量

在图 2.2 中，纵轴为农用水权的交易收益，横轴为农用水权的交易数量。*MPB* 是农户进行水权交易的边际私人收益曲线，表示个体农户完成一项水权交易而获得的单位水权交易数量的收益，即农户因为出售水权而获取的经济回报，是农户追求个体理性而获得的经济收益。基于实现集体理性角度分析，农用水权交易所产生的边际社会收益，不仅包含农户作为出售方获取"售水"的经济回报 *MPB*，还包含水权交易对农户节水行为产生的激励收益，以及水权交易缓解工业部门等用水短缺的行业和地区的用水矛盾的收益。*MSB* 曲线即为进行水权交易的边际社会收益曲线，是村集体、用水协会等组织作为整体达成一项水权交易的单位水权交易数量的收益，包括为实现个体理性收益的边际私人收益、水权交易产生的节水收益及缓解地区间、行业间的用水矛盾等。*MC* 是水权交易的边际成本曲线，代表着单位水权交易数量的成本。个体农户的边际私人收益曲线 *MPB* 与边际成本曲线 *MC* 的交点 Q_3 是水权交易的"最佳规模"，即现实中农户间进行水权交易的数量，此时单位水量的交易收

益为 P_3；但从集体收益最大化角度而言，边际社会收益曲线 *MSB* 与边际成本曲线 *MC* 的交点 Q_4，是农用水权交易的最优规模量，此时单位水量交易收益为 P_4，$P_3<P_4$，$Q_3<Q_4$。由上述分析看出，在现实中，分散的个体农户进行农用水权交易的收益 P_3 低于农村集体形式的水权交易收益 P_4，由此导致现实的水权交易实践中，水权交易量 Q_3 低于最优的交易规模 Q_4，即分散、小规模农户间的水权交易形式，其交易量低于使水资源经济效率达到最优水平的交易规模，农户未能享有水权交易全部收益。

分析发现，自由竞争市场机制所追求的小规模用水户间直接交易的方式，显然不是当前中国最适合的交易方式。中国与美国、澳大利亚等水权市场运行良好的国家在国情、水情方面存在差异，不能直接借鉴西方的理论和模型。结合中国独有的国情因素，农用水资源作为一种准公共物品，水权交易和水市场只能是一个准市场方式，因为低效运转的市场还不足以支撑水权交易机制的"完美"运行，整体较弱的水资源规制也不能与水权交易机制的"完美"运行相匹配。

（2）农用水权规模化交易的理论假说

考虑到中国的水资源禀赋、农业结构等国情条件差异，本书设计通过扩大农户水权交易的规模以降低交易成本的规模化交易机制。实施水权交易的前提是清晰明确的水权界定，通过将农用水权界定到农户层面，实现确权到户，以保障农户对节余水的剩余索取权，进而产生农业节水激励，为农用水权交易的开展提供前提和条件。据此提出两个理论假说，分别为理论假说一：确权是水权交易的前提，确权到户能保障农户水权收益，产生农业节水激励；理论假说二：规模化交易可以降低农用水权的交易成本并提高水权收益。

第 3 章

农用水权确权状况及
对农业节水的激励机制分析

农用水权是在农业灌溉中取用水的权利。农用水权分为所有权、取水权、供水权。水权交易是将水资源使用权的部分或全部转让，依法授予取用水户，确认取用水户的权利和义务，所以进行水权交易的首要前提是水权清晰。农用水权确权是将水资源使用权依法授予取用水户，是主要权利所属的主体以及对水资源产权体系各种权利的分割，具体化为依法确认单位或个人对水资源占有、使用和收益的权利，要确认取用水户的权利和义务（James Brand，2020）。确权尤其是确权到户，是实施农用水权交易的前提与基础。同时，提升农用水权确权程度能够将水权交易产生的外部性问题内部化。对农用水进行确权的主要方式是在试点地区发放用水权证、水权使用证、水票等，但这种确权方式难以大范围推广。因此，推进农用水权确权具有现实需求，是实施农业节水的条件，也是进行规模化交易的前提，进而最终提升农用水资源配置效率和利用效率。通过分析农用水资源的确权需求、确权状况、影响因素，进一步探明确权对农用水资源利用的影响及产生的效应，因地制宜提出推进农用水权确权程度的建议，为实施规模化水权交易提供条件。

3.1 农用水权确权的需求分析

3.1.1 农用水权确权是实现农业节水的条件

当下，农用水资源短缺和农用水浪费现象并存。传统的水资源供给管理方式，如南水北调、加大地下水开采程度等方式无法解决水资源短缺与浪费的矛盾，需要转换思路，由原有的供给管理向需求管理转变，即如何利用需求管理政策提高农用水资源的边际产出和用水效率。在需求侧，针对投入的生产要素，以往的常规做法是提价，如利用阶梯式水价提高水资源的价格，但由于农用水资源作为基础的生产要素，其需求价格弹性较低，在一定范围内，提高水价并不会降低农用水资源使用量，却会增加农户的生产经营成本，并最终影响粮食供给。由于农用水资源的准公共物品属性，多数农户在只缴纳少量水费甚至是不缴费的情况下，任意使用农用水，致使出现大水漫灌等浪费现象。而将农用水资源的使用权确权给农户，相当于将农用水资源转变为农户的一种"私有"财产。农户对节余的水权有处置和受益的权利，农户有采取措施实施农用节水以出售获利的积极性。

3.1.2 农用水权确权是实施水权交易的前提

水资源作为工业生产的基础生产要素，直接影响工业生产和经济发展。伴随着工业化和城镇化的快速发展，部分地区、行业及工业企业出现了严重的水资源短缺问题。为满足缺水地区、行业和企业的用水需求，地方政府最初多实施超采地下水的措施来解决水资源短缺问题，造成大量漏斗区及当地生态环境破坏等不可持续问题。为防止地下水超采及保护生态环境，国家实行最严格水资源管理制度，部分地区采取禁止新增用水指标等方式。由于农业用水部门的单位产出远低于工业用水部门，地方政府为维持经济的高速增长，出现将农业用水指标挪用至工业部门的做法，损害了农户的用水权利，并对粮食安全产生不利影响。在保障农户灌溉用水权益和粮食安全前提下，促进农业灌溉用水有偿有序向工业部门转移，即实施水权交易，需要有明确的农用水产权制度。

3.1.3 农用水权确权促进水资源效率提升

根据 2021 年度《中国水资源公报》数据，2021 年中国水资源总量为 2.96 万亿立方米，居世界第 6 位，人均水资源占有量约 2007 立方米，仅为世界人均水平的 25%，是世界 21 个贫水和最缺水的国家之一。中国作为农业大国，农用水总量占总用水量的 60% 以上，但农业生产中缺水问题仍然严重。2022 年 7 月，由于天气等多方面原因，长江流域出现重大旱情，多省望天田和灌区末端受旱严重，安徽省、江西省、湖北省、湖南省、重庆市、四川省 6 省（市）约 83 万人和 16 万头大型牲畜因旱缺水受到影响，农用水资源短缺和水资源保护再度引起广泛关注。在农业用水短缺的同时也产生了严重的浪费问题，2020 年农田灌溉水有效利用系数为 0.565，有效用水效率仅为高效用水国家水平的 1/3。从全国范围看，2020 年农业用水占全部用水量的62.14%，自 2012 年开始测算"农田灌溉水有效利用系数"这一指标以来，其指标数值持续停留在 0.5 左右；农业节水灌溉面积占有效灌溉面积的比重仅 2017 年、2018 年、2019 年、2020 年提高到 50% 以上水平，最低的是 2004年的 37.35%，最高的是 2020 年的 54.65%，17 年来的平均水平仅为 45.97%。由此可见，农业用水的公共产权属性导致了用水效率低的现状，农业用水存在巨大节水空间。推动农用水权确权能促进农业节水，提高农用水资源利用效率，并且通过水权交易实现水资源的再配置效率。

3.2　农用水权确权的现状及问题

2014 年 7 月，水利部选取内蒙古自治区、江西省、河南省、湖北省、广东省、甘肃省、宁夏回族自治区共 7 个省（自治区）启动了全国水权试点，开展水资源使用权确权、水权交易流转和水权制度建设。截至 2018 年底，7个省（自治区）全部通过水利部和有关省份人民政府的联合验收，与此同时，河北省、新疆维吾尔自治区、山东省、陕西省、浙江省和黑龙江省等地也开展了省级水权试点，在试点地区围绕区域取用水权益、灌溉用水户用水权等进行探索，基本探明了确权的主要类型和途径，明晰了确权水量核定的边界约束条件和水权确权的方式方法。以宁夏回族自治区为例，通过水权改革，用水效率明显提升，与 2013 年相比，2016 年全自治区农田灌溉水有效利用系数由 0.464 提高到 0.511，初步建立了水权制度，促进了经济社会发展和水生态环境修复和改善。2022 年 8 月 31 日，水利部、国家发展改革委、财政部联合印发《关于推进用水权改革的指导意见》，提出加快推进初始水权的确权工作，明晰取用水户的取水权，在严格核定许可水量的前提下，通过发放取水许可证，明晰取用水户的取水权；地方政府可依据实际情况，通过发放用水权属凭证，或下达用水指标等方式，明晰灌区内灌溉用水户水权。在此基础上，农用水权确权进行了多方面实践并取得一定成效，但农用水权在确权意愿、确权程度、确权方式方法等方面仍存在问题。

3.2.1　农户对水资源确权意愿存在较大差异

基于中国各地区的水情差距明显，农户对节水和确权意愿存在较大的差异。在黄河流域、西北内陆河地区以及华北地区和西北地区，水资源严重匮乏，用水矛盾突出，农户的节水和确权意愿较强。根据黄河流域 9 个省份的灌溉农户确权意愿进行随机问卷调查分析，将确权意愿分为不支持、一般和支持三类，支持农用水权确权的农户占比为 61%，黄河流域的农户具有一定的节水意识和节水潜力。而在南方多数丰水地区，用水矛盾少，农户对农用水权确权缺乏积极性。根据《中国统计年鉴》和《中国人口和就业统计年鉴》数据，2019 年全国农村人均受教育年限为 7.94 年，平均水平为初中，教育水平总体不高，因此，农户对农用水权确权方面的内容了解较少，农用水权确权工作推进较慢。为了保护农民权利，保障粮食安全，因而农民获得灌溉水的价格非常低。数据显示，2021 年全国平均灌溉用水价格为 0.1 元/立方米，而生活用水价格在 3~5 元/立方米，加之农用水计量设施的限制，对农户灌溉用水只是象征性地收取部分费用甚至是免费使用，导致部分农户认为通过农用水权确权，推广用水计量措施，会增加农户的灌溉用水成本，进而对农用水权确权持反对意见。还有部分农户缺乏生态环保意识，仅考虑自身利益和眼前利益，不愿意实施农用水权确权和节水灌溉。

3.2.2　农用水权的确权程度不高

目前，农用水权确权程度主要分为三个层级。一是在根据既定的水资源控制总量的基础上，水行政主管部门参照《农业用水定额》，考虑近几年的农业用水情况、地下水量等因素，将水权确权到乡镇层面。二是以乡镇为分配主体，以灌溉定额为衡量标准，根据灌溉面积、种植结构、地表供水量等情况，将水权确权到村级或村用水协会层面。三是行政村或用水协会按照村或用水协会的总量控制指标，以灌溉面积、种植作物为确权的依据，将农用水权确权到各个农户。对比分析水权改革试点地区发现，仅在部分省份的少数地区，农用水权确权能到达农户层面，绝大多数地区的农用水权确权仅确权到乡镇层面，或者村级、村用水协会层面。由于相关的水利统计资料和年鉴没有对各地区的确权层级进行准确的统计，本部分分析是基于对黄河流域 9个省份的农户调查问卷数据得出的。具体情况是：在调查问卷中，将确权到乡镇及其以上、确权到村级和确权到农户分别设定为 0、1 和 2，结果显示，约 66%的农用水权确权到乡镇层面，约 32%的农用水权确权到村级或村用水协会层面，仅有约 2%的农用水权确权到户，9 个省份的平均确权层级水平为0.639，目前主要确权到乡镇层面，现实中，确权到户的比例非常低。

3.2.3　农用水权确权的方式和手段有限

在农用水权的确权方式方面，各地区有较为明显的差异，目前主要使用的确权方式有颁发水票和确权证书。水票即取水证，按照灌溉面积领取水票，凭水票申请放水。确权证书是对农用水权的灌溉面积、种植作物、确权水量等信息进行登记确认，确权证书是取用水的凭证。农用水权确权的计量手段有：利用灌溉渠系上设有的配套水闸、渡槽等建筑物，根据水力学原理测量过水流量；设置水尺观测水位，利用水位流量关系计算流量；利用机械式水表、电磁流量计、超声波流量计等仪器自动计量；根据水电关系转系数等间接估算方法进行计量；引渠灌溉，利用灌溉面积计算灌溉时间。较为准确的方式是利用配套水闸和机械式水表计量，但目前这些设施与技术容易受到断面不稳定、回水、冬季冻胀、水里富含砂粒及杂质等诸多因素的影响，导致计量难度增大和精度不够，尤其是对黄河这种泥沙输送量大、含沙量高的河流进行计量，水表极易损坏。不仅需要将配套水闸和机械式水表单个安装在田间地头，同时需要建设水库、河流与灌区之间的水网管道，建设成本巨大。部分地区由于城市发展，不断地实行城中村改造、迁村并点等措施，对于农村的计量设备陈旧，政府不愿意进行更新维护。如果管道布设和安装计量设备由农户自费进行，那么每个农户承担的水权排他性的界定和分配成本将非常高，与现行水资源的稀缺价值相比，农用水权的终端界定实施难度较大，农业用水户没有能力独自承担这些高昂的成本，加之无法保障获取精确界定水权后的全部收益，因此，由农业用水户承担购买设备的成本来计量和界定农用水资源是不可能的。而现行的由国家或地方政府负责灌溉工程及设备的投资供给机制存在投资少、管理缺位及维护难的问题，也难以满足确权需要。

3.3　农用水权确权的影响因素分析

3.3.1　历史及传统因素

中国农用水的使用主体是广大农户，但实际上往往由农村集体经济组织统一行使水的管理权。农业生产何时灌溉和灌溉用水量多少，均由村"两委"（村党支部委员会、村民委员会）决定。在此背景下，会产生"关系水权"和灌溉寻租行为，与农用水权确权政策目标相背离。有些地方的灌溉农田由于靠近河流湖泊，灌溉用水可以随意使用，用多用少不受任何监管，农户倾向于使用大水漫灌的方式进行灌溉。由于农用水资源产权界定不清晰，真正的农用水产权主体农户难以真正参与水资源的管理，村"两委"对农户的节水不会产生实质性激励，致使农户缺乏主动节水的意识，粗放用水的传统观念难以改变。

3.3.2　农用水资源的产权因素

产权的排他性是指由产权所有者自身承担拥有、使用资源所产生的所有成本和收益，并能将其他主体排除在外的权利。目前，中国农用水资源多数被确权到乡镇层面，是一种俱乐部水权形式。乡镇的灌区管理机构对水资源进行分配、管理和使用，水资源归乡镇内部所有农户共有，内部成员均可使用，但对外具有排他性，对内部成员具有非排他性，即内部农户可以随意使用水资源而不必付出相应的代价，当俱乐部水资源充足时，每个用户均可以获得充足的水资源，且没有确权到户进行节约水资源的意愿，而当俱乐部水资源短缺时，先灌溉的农户仍可以获得充足水资源，仍然没有确权到户和节约水资源的意愿和行为。这种俱乐部水权形式让农户对水资源的使用形成"棘轮效应"，影响农户的确权意愿以及确权到户工作的推进。

3.3.3　农用水权确权的成本收益分析

在乡镇层面，进行水权界定的成本和收益是影响农用水权确权的主要原因，进行水权界定的成本主要由产权的排他成本和内部管理成本构成，其中排他成本包括产权的界定、分配、实施和后续的监督、执行的成本。内部管理成本为俱乐部内部所发生的管理成本、时间成本及信息成本。进行水权界定的收益主要由节余水量用于交易所获得的收益构成。在图 3.1 中，MC_A 代表水权界定的边界排他成本，MB 表示界定水权的边际收益，在现实中，只考虑边际排他成本，故 MC_A 与 MB 的交点代表水权交易的"现实规模"，此时的农用水权俱乐部的成员人数为 Q_A；但水权界定成本中还有内部管理成本，故农用水权俱乐部实施水权界定的边际总成本为 MC_T，与 MB 的交点为 Q_B，$Q_B<Q_A$，即现有因素下，农用水权的确权程度不高，仍有进一步缩小确权规模的潜力。

如图 3.2 所示，在第一阶段，平均节余水量 AP 递增，应该继续推进确权使节余水量上升，在第二阶段起点处，节余水量的平均产量达到最高，在第二阶段的终点处，节余水量的边际产量 MP 为零，平均产量递减，边际产量小于平均产量，但总产量 TP 递增。到第三阶段，边际产量 MP 为负，此时推进确权所耗费的成本较高，在此阶段，继续增加确权程度反而会使得节余水量减少。由此可见，在第二阶段是进行水权确权、促进节水的决策空间。

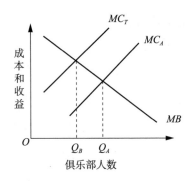

图 3.1　农用水权的确权规模

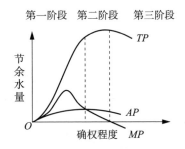

图 3.2　农用水权俱乐部的确权区间

3.4　农用水权确权对农业节水的激励机制分析

中国人均水资源占有量在世界排名 121 位，是世界上 21 个贫水和最缺水的国家之一。2020 年，农业用水量占用水总量的 62.14%，农田灌溉水有效利用系数为 0.565，有效用水效率仅为高效用水国家水平的 1/3。黄河流域分布着多个全国农产品主产区和传统工业基地，但黄河的资源环境承载能力弱，沿黄河流域各省区发展不平衡不充分问题尤为突出，而水资源短缺是黄河流域最大的矛盾。2019 年，黄河流域大型灌区灌溉水有效利用系数是 0.498，低于全国平均水平。造成农业用水效率低的原因之一是农户的节水投资意愿低，节水灌溉基础设施缺失，因此，促进农业节水以提高水资源利用效率是缓解黄河流域用水矛盾的主要方法。实践中，中国高度重视农业节水并相继采取了多项举措。在"十五"期间，水利部开展了第一批节水型社会建设试点工作，确定 12 个地区为全国节水型社会建设试点，其中黄河流域的甘肃省张掖市、四川省绵阳市、陕西省西安市、河南省郑州市、山东省淄博市 5 个地区初步形成了政府调控、市场引导、公众参与的节水型社会管理体系，有效促进了水利资源的管理和利用。2011 年，中央一号文件强调，"不断深化水利改革，加快建设节水型社会，促进水利可持续发展，努力走出一条中国特色水利现代化道路"。党的十八大和十八届三中全会提出，坚持"节水优先、空间均衡、系统治理、两手发力"的治水思路。党的十九大提出，发展高效节水灌溉，促进现代农业建设，积极开展国家节水行动。为促进农业节水，提高农业用水效率，学术界对此展开了广泛且深入的研究，主要集中在水权确权、水市场和水权交易等方面。根据水权市场提高用水效率的逻辑，通过对农用水权确权，将水资源的公共物品属性转变为具有一定排他性的私人物品属性，让农户拥有水资源的剩余索取权，在水权市场上出售节余的农用水以获得相应收益，进而激励农户节水形成正反馈机制。借鉴澳大利亚等国家建设水权市场的经验，中国也一直在探索水权确权及水权交易的做法。2005 年水利部发布《关于水权转让的若干意见》《关于印发水权制度建设框架》，对水权转让的基本原则、限制范围、转让费用、转让年限等作出规定。2008 年正式实施的《水量分配暂行办法》《取水许可管理办法》强调了确权在初始水权分配、取水许可管理等关键环节上的重要意义，并于 2014 年 7 月选取内蒙古自治区、江西省、河南省、湖北省、广东省、甘肃省、宁夏回族自治区共 7 个省（自治区）启动全国水权试点探索水权使用权确权、水权流转和水权制度建设。2016 年 11 月，水利部和国土资源部联合印发《水流产权确权试点方案》，选择宁夏回族自治区全区、甘肃省疏勒河流域、丹江口水库等区域和流域开展水权确权试点工作，探索水流产权确权的路径和方法。以内蒙古黄河干流水权试点为例，通过为 16073 个终端用水户发放《引黄水资源使用权证》，明确用水组织的水资源管理权和用水户的使用权，使灌区的秋浇用水从 1.2 亿立方米减少到 0.57 亿立方米，灌区节水效果明显提升。

理论研究及实践均表明，水资源确权、水权制度安排能够促进农户节水，提高用水效率。本书将进一步研究农用水权确权、确权程度、灌溉面积等对农户的节水激励，以探明农用水权确权对农业节水的传导机制。

3.4.1 研究方法

中国的农用水资源分配定额以单位耕地面积核定，因此农户可利用的水资源取决于其占有的耕地面积。2020年中国人均耕地面积为1.359亩仅占世界平均水平的1/3。中国人均水资源为2200立方米，仅为世界平均水平的1/4，黄河流域人均灌溉面积为1.77亩，人均水资源量为905立方米，水资源更为紧缺，所以，现阶段中国及黄河流域仍属于小规模、分散化的小农户经营模式。本书采用舒尔茨和波普金的"理性小农"理论框架，即农户的行为和决策以效用水平变化为主要依据，农户是否进行投入取决于能否获得收益。通过确权所带来的排他性增加，赋予主体相互匹配收益的权利，改善主体的预期，从而增加其生产性努力的内在激励，将大幅度改善资源的利用效率。随着农用水资源确权程度提高，农用水权会在安全效应、信贷效应和交易效应三个方面对节水产生影响。具体来说，农户有节水意愿或者有加大对农户节水投资的动机来自节水的收益要高于节水的成本。初期节水投入的增量大于节水增量，但随着节水量的增加，节水投入增量逐渐减少，因此，节水投资成本函数是一个凹函数，如果农户不进行节水，则不需要进行节水投资，所以节水投资成本 I 为一条过原点的凹函数，$I=F(Q)$，Q 代表节水量。

为了便于分析，我们做出如下假设：

①将农户节余水用于交易所获得的收益设为 Y_t，由交易水量（Q）和交易价格（P）决定，水权交易价格是外生的，不因水权交易量的变化而变化，$Y_t = Q \times P$。

②影响农户节水收益的一个重要因素为农用水权的安全效应（X），即预

期收益的稳定性，含义为农户下一期依然拥有水权的概率，X 取值范围为 $[0，1]$，一般而言，农用水权确权程度越高，水权的排他性和稳定性越强，X 值越大，农用水权确权到户时，水权的排他性和稳定性最强，X 值为 1；反之，X 值越小。

③农户进行节水投资的资金（I）全部来源于银行贷款，农户的贷款利率（r）代表使用农用水权贷款的难易程度，农户进行节水投资的信贷成本（C_I）由进行节水投资的资金及其贷款利率决定，$C_I = r \times I$。

④农户进行水权交易时存在交易成本（C_t），交易成本存在规模效应，交易水量越大，交易成本越小。

农户的节水预算约束方程：

$$Y = XPQ - (C_t + C_I + I) \tag{3.1}$$

将 XPQ 设为 Y_1，代表农户由于节水产生的收入，将 $C_t + C_I + I$ 设为 C，代表农户由于节水付出的总成本，如图 3.3 所示，只有当农户的节水量超过 Y_1 和 C 曲线的交点 q_1 时，农户才会有节水的动力，否则农户不会进行节水投资。

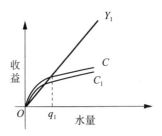

图 3.3　农户节水的投资收益曲线

根据上述假设，农户作为一个理性经济人能够使其行为发生改变的原因是自身收益发生改变，即 q_1 点之后 Y_1 和 C 之间距离的变化，影响这一距离的因素有曲线 Y_1 的斜率、曲线 C 的斜率、C 与 C_I 之间的距离即 C_t，曲线 Y_1 的斜率代表农用水权的安全效应，曲线 C 的斜率代表农用水权确权的信贷效应，曲线 C 与曲线 C_I 之间的距离 C_t（不包括原点）代表农用水权确权的交易效应。节水激励可以从农户的节水意愿和意愿节水投资金额两方面来衡量，下面将从理论方面分析农用水权确权的安全效应、信贷效应、交易效应对农户的节水意愿和意愿节水投资金额的影响。

3.4.2 农用水权确权影响农业节水的机理分析及研究假设

农用水权确权激励农户节水通过安全效应、信贷效应和交易效应三方面发挥作用。在安全效应方面，农用水权确权可以明显增强农户用水的保障性预期和稳定性预期，从而增强农业用水的安全性。中国的农用水权结构是一种俱乐部产权，其对外产权清晰、对内产权模糊，容易导致"公地悲剧"的发生，可通过农用水权确权来压缩俱乐部产权的规模，增加农业用水排他性，减少外部性，提升农户用水安全性，达到农业节水的目的。在信贷效应方面，长期的信贷约束会限制农户的农业投资，通过农用水权确权程度的提高，减少银行对农户的信贷约束，加大对节水设备的投资，达到农业节水的目的。在交易效应方面，农用水权确权能够降低交易成本，促使农用水权进行交易。

（1）农用水权确权对农业节水的安全效应分析

农用水权确权的安全效应是指农户预期在未来依然能够获取水权的概率。随着安全效应（X）的增加，曲线 Y_1 向左旋转为 Y_2，Y_2 为改变了安全效应之后的节水收益，如图 3.4 所示，当农用水权的安全效应上升时，X 变大，Y_1 的斜率增加从而向左旋转，新的节水收益 Y_2 与节水成本 C 交于 q_2，$q_2<q_1$，说明此时节水量达到 q_2 就可以实现节水的盈亏平衡，在用水量不变的情况下，农户的节水意愿和意愿节水投资金额增加。当农用水权的安全性下降时则反之。当节水量超过盈亏平衡点 q_2 时，农户的节水收益增高。

所以，提出假设 1：农用水权确权程度的提高所带来的安全效应会提高农户的节水意愿和意愿节水投资金额。在同等确权程度下，用水总量越大的农户节水意愿越强，意愿节水投资金额越高。

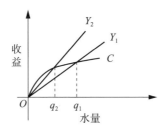

图 3.4　农用水权安全性对农户节水的影响

（2）农用水权确权对农业节水的信贷效应分析

农用水权确权的信贷效应是指农户将农用水权进行抵押贷款的难易程度。用银行对农用水权抵押贷款的利率 r 来表示农用水权抵押效应的强弱，信贷效应与利率呈反方向变动，随着贷款利率的改变，农户的成本曲线 C 发生变化，如图 3.5 所示，当贷款利率降低时，曲线 C 斜率降低变为 C_1，新的节水成本 C_1 与节水收益 Y_1 交于 q_2，$q_2 < q_1$，说明此时节水量达到 q_2 就可以实现节水盈亏平衡，在用水量不变的情况下，农户的节水意愿和意愿节水投资金额增加，当农用水权的贷款利率上升时则反之。

所以，提出假设 2：农用水权确权程度的提高所带来的信贷效应会提高农户的节水意愿和意愿节水投资金额。农用水权抵押贷款利率越低，农户的节水意愿越强，意愿节水投资金额越高。

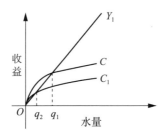

图 3.5　农用水权抵押贷款利率对农户节水的影响

（3）农用水权确权对农业节水的交易效应分析

农用水权确权的交易效应指农用水权交易的难易程度。用交易成本 C_t 来表示农用水权交易效应的强弱，交易效应与交易成本呈反方向变动，随着交易成本的改变，农户的成本曲线 C 发生变化，如图 3.6 所示。当交易成本降低时，曲线 C 除原点外整体下降平移变为 C_1，新的节水成本 C_1 与节水收益 Y_1 交于 q_2，$q_2 < q_1$，说明此时节水量达到 q_2 就可以实现节水盈亏平衡，在用水量不变的情况下，农户的节水意愿和意愿节水投资金额增加，当农用水权的交易成本上升时则反之。

所以，提出假设 3：农用水权确权程度的提高所带来的交易效应会提高农户的节水意愿和意愿节水投资金额。农用水权的交易成本越低，农户的节水意愿越强，意愿节水投资金额越高。

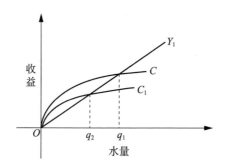

图 3.6　农用水权交易成本对农户节水的影响

3.4.3　模型的设定及变量描述

（1）模型设定

根据理论分析框架，因为农用水权确权程度与农户节水意愿和意愿节水投资金额呈因果关系，所以使用 OLS 模型。根据所收集到的调查问卷数据，农户的节水意愿为 [0，1] 二值选择问题，所以选择 Probit 和 Logit 模型来考察农用水权确权对农户节水意愿的影响。农户意愿节水投资金额最少为 0，所以选择 Tobit 模型来验证农用水权确权程度对农户意愿节水投资金额的影响，模型如下。

$$y = \alpha + \beta x + \lambda t_i + \varepsilon \qquad (3.2)$$

根据上述分析，农用水权确权对农户的影响主要体现在农户的节水意愿和意愿节水投资金额上，因此对应本书设置的调查问卷，被解释变量分别为农户的节水意愿 WSW（Willing to Save Water）和农户意愿节水投资金额 WEI（Water Saving Equipment Investment）。y 代表被解释变量；x 代表解释变量为制度因素也就是农用水权确权程度，0、1、2 分别代表农用水权确权程度到乡镇及以上、确权到村级和确权到户；t_i 代表控制变量，分别为农户的自身因素、当地农用水权建设情况、农户对农用水权确权的认知，具体如表 3.1 所示。

表 3.1　农用水权确权对农户节水意愿影响的控制变量选取及含义

分类	控制变量	含义
农户的自身因素	t_1	农户户主的年龄
	t_2	农户户主的学历
	t_3	农户的灌溉面积
当地农用水权建设情况	t_4	确权方式
	t_5	确权时间
	t_6	农用水权抵押贷款情况
	t_7	是否为用水协会成员
	t_8	农用水权流转的难易程度
农户对农用水权确权的认知	t_9	对农用水权抵押贷款的态度
	t_{10}	对农用水权确权的了解程度
	t_{11}	是否支持农用水权确权

（2）数据说明

本书的部分数据来源于 2000—2020 年《中国水利统计年鉴》《中国水资源公报》《黄河年鉴》《第七次全国人口普查公报》等公开数据，调研数据来源于线下实地调研和使用 Credamo 见数对农户进行线上调查问卷，涵盖黄河流域的 9 个省份。共收回 500 余份调查问卷，经过对数据的初步处理，筛选出 349 份有效问卷，有效率为 69.8%，相关变量描述见表 3.2。

表 3.2 农用水权确权对农户节水意愿影响的描述性统计

变量		变量的定义和描述	个数	均值	标准差	最小值	最大值
被解释变量	WSW	农户是否有意愿进行节水：是=1；否=0	349	0.833	0.373	0	1
	WEI	农户对于节约用水意愿投资或者已经投入的金额（元）	349	2570.069	6789	1	60000
解释变量	x	农用水权的确权程度：乡镇及以上=0；村级=1；确权到户=2	349	0.639	0.814	0	2
控制变量	t_1	年龄（岁）	349	43.89	15.19	10	88
	t_2	文化程度：小学及以下=0；初中=1，高中=2；大学及以上=3	349	1.965	1.047	0	3
	t_3	农户灌溉面积（亩）	349	13.825	36.187	0.04	430
	t_4	颁发水票=0；颁发水权证书=1	175	0.76	0.747	0	1
	t_5	确权年限（年）	175	4.29	5.51	0	45
	t_6	农户是否使用过水权进行抵押贷款：否=0；是=1	349	0.166	0.372	0	1
	t_7	农户是否为用水协会成员：否=0；是=1	349	0.255	0.436	0	1
	t_8	农用水权在当地流转的难易程度：难=0；一般=1；容易=2	349	0.974	0.658	0	2
	t_9	农户是否愿意将水权进行抵押贷款：不愿意=0；愿意=1	349	0.693	0.461	0	1
	t_{10}	农户对于农用水权确权的了解程度：不了解=0；一般=1；了解=2	349	1.014	0.729	0	2
	t_{11}	农户是否支持农用水权确权：不支持=0；一般=1；支持=2	349	1.553	0.583	0	2

（3）样本分析

黄河流经九省区，即青海省、四川省、甘肃省、宁夏回族自治区、内蒙古自治区、山西省、陕西省、河南省、山东省。黄河流域是我国主要的农牧产区，粮食和肉类的产量占到全国产量的1/3，能源资源富集，是我国重要的工业基地。黄河流域水资源十分短缺，水资源开发利用率已达80%，远超

40%的生态警戒线，但农业用水有效利用系数仅为0.498，水资源过度利用与低效率并存，导致沿黄地区生态环境脆弱。

（4）描述性统计

由描述性统计得出农户的节水意愿达到83.3%，但是农用水权确权程度并不是很高，均值为0.639，说明目前农用水权的确权程度主要界定到乡镇层面，出现这样结果的原因，一是黄河流域9个省份中仅有河南省、宁夏回族自治区、内蒙古自治区、甘肃省4个省（自治区）的部分区域是水权确权试点地区，二是黄河流域上游地区的经济发展水平较低，农用水权确权的界定成本较高，地方政府和农户难以承受。黄河流域农户的人均灌溉面积为5.28亩①，远高于全国人均耕地面积1.359亩的水平，这是由于宁夏、新疆、甘肃和内蒙古四个区域总体上地广人稀，宁夏的人均耕地面积为3.83亩、新疆的人均耕地面积为4.28亩、甘肃的人均耕地面积为2.78亩、内蒙古的人均耕地面积为8.44亩，均高于全国人均耕地面积，从而拉高了整个黄河流域的人均灌溉面积值。在被调查的农户中，平均年龄是43.89岁，学历在高中和大学及以上的比例达60%以上，说明农户有一定的教育基础，能够较好地理解农用水权确权含义及其相关政策。目前，农用水权确权的方式主要有颁发水权证书和实施水票制，其中颁发水权证书的方式较为常见。农用水权确权的时间长度在4年左右，2016年中央一号文件明确提出"要将有效灌溉利用系数提高到0.55以上，积极推广先进的节水灌溉技术，提高农用水的利用率，完善水权初始分配制度，培育水权交易市场"，在此推动下，2016年开展农用水权确权的地区和农户数量较多。在调查样本中有69%的农户愿意尝试将农用水权进行抵押贷款，但实际仅有17%的农户有过此类抵押贷款行为，主要是由于农户的资质信用较低，银行等金融机构对农用水权进行抵押贷款业务意愿低，农户缺乏抵押物导致贷款利率较高，且抵押贷款过程较为烦琐等因素，导致农户实施农用水权抵押贷款难度大。在被调查农户中，参加用水协

---

①　由第七次全国人口普查数据得到每户平均2.62人，调查问卷得到农户的户均灌溉面积为13.825亩，计算黄河流域人均灌溉面积为5.28亩。（1亩＝666.67平方米）

会的农户占比仅为26%，说明农民用水协会难以发挥协调农户用水行为的功能，这也是当前农用水权确权程度低的一个重要原因。农户对水资源确权持了解态度的比例仅为20%，说明对于农用水权确权的知识推广需要更加通俗化和深入化，选择能被广大农户所接受的形式。经解释确权含义后，支持农用水权确权的农户占比达61%，说明农户具有较高的节水意识，有一定的节水潜力。

3.4.4 回归结果及分析

（1）农用水权确权对农户节水意愿的影响

表3.3列出了农用水权确权对农户节水意愿影响的回归结果，此处对农户的节水意愿分别做了OLS估计、Probit估计和Logit估计。三种回归结果均表明：在没有控制变量和地区固定效应时，确权程度的增强对农户的节水意愿具有正向影响，模型的拟合程度较好，在1%的显著性水平上通过检验。随着农用水权确权程度的提高，农户的节水意愿显著增强，但随着加入控制变量后，Probit估计和Logit估计结果不再显著，加入控制变量和省份固定效应后，三种估计均显著。具体来看，没有引入控制变量和省份固定效应时，在OLS估计中，确权程度提高一级对农户的节水意愿增长9%，并在1%的水平上具有统计显著性；在Probit估计中，确权程度提高一级对农户的节水意愿增长45.8%，并在1%的水平具有统计显著性；在Logit估计中，确权程度提高一级对农户的节水意愿增长85.7%，在1%的水平上具有统计显著性。加入控制变量后，在OLS估计中，农户的节水意愿增长10.2%，显著性有所下降；Probit估计和Logit估计均不显著。加入省份固定效应后，显著性有所回升，在OLS估计中，农用水权确权程度提高一级对农户的节水意愿增长11.2%，在1%的水平上具有统计显著性；在Probit估计中，农用水权确权程度提高一级对农户的节水意愿增长67.6%，在5%的水平上具有统计显著性；在Logit估计中，农用水权确权程度提高一级对农户的节水意愿增长112.6%，在5%的水平上具有统计显著性。增加省份固定效应后，显著性

水平上升，原因是同一省份对于农用水权的政策、农户的用水习惯、种植作物具有相似性。由此我们可以得出，农用水权确权程度的提高可以显著提高农户的节水意愿。

表 3.3　农用水权确权对农户节水意愿的影响 Probit、Logit 和 OLS 回归结果

变量	OLS 估计			Probit 估计			Logit 估计		
	1	2	3	1	2	3	1	2	3
农用水权确权程度	0.09*** (4.62)	0.102** (2.76)	0.112*** (3.22)	0.458*** (3.83)	0.436 (1.63)	0.676** (2.35)	0.857*** (3.66)	0.917 (1.63)	1.126** (2.18)
控制变量	未控制	控制	控制	未控制	控制	控制	未控制	控制	控制
省份固定效应	未控制	未控制	控制	未控制	未控制	控制	未控制	未控制	控制
常数项	0.775*** (27.66)	0.459*** (3.46)	0.468*** (3.04)	0.743*** (7.75)	0.44 (-0.44)	-2.09 (-1.39)	1.21*** (7.35)	-1.38 (-0.66)	-4.87 (-1.39)
观测值	349	349	349	349	349	349	349	349	349
对数似然值	不适用	不适用	不适用	-148.83	-40.89	-28.46	-148.9	-39.34	-27.7
调整的 R^2	0.37	0.29	0.27	0.05	0.46	0.58	0.05	0.48	0.59

注：**、***分别表示在 5%、1%的水平上显著。

（2）农用水权确权对农户意愿节水投资金额的影响

表 3.4 列出了农用水权确权对农户意愿节水投资金额的影响 OLS 和 Tobit 回归结果，此处对农户意愿节水投资金额分别做了 OLS 估计和 Tobit 估计。由于农户意愿节水投资金额的数值较大，先对其进行取对数处理，然后对 lnWEI 进行回归。回归结果表明，没有加入控制变量和地区固定效应时，确权程度的提高对农户的意愿节水投资金额具有正向影响，模型拟合程度较好，在 1% 的显著性水平上通过检验，随着农用水权确权程度的提高，农户的意愿节水投资金额显著提高。加入控制变量和省份固定效应时，显著性下降。具体来看，在 OLS 估计中，不加入控制变量和省份固定效应时，农用水权确权程度提高一级，农户意愿节水投资金额增长 91%，在 1%的水平上具有统计显著性。加入控制变量后，确权程度提高一级，农户意愿节水投资金额增长

47.2%，在10%的水平上具有统计显著性。加入省份固定效应后，确权程度提高一级，农户意愿节水投资金额增长50.6%，在5%的水平上具有统计显著性。在Tobit估计中，不加入控制变量和省份固定效应时，农用水权确权程度提高一级，农户意愿节水投资金额增长98.6%，在1%的水平上具有统计显著性。加入控制变量后，农用水权确权程度提高一级，农户意愿节水投资金额增长45.5%，在10%的水平上具有统计显著性。加入省份固定效应后，确权程度提高一级，农户意愿节水投资金额增长49%，在5%的水平上具有统计显著性。所以，农用水权确权程度的提高能够提高农户意愿节水投资金额。

表3.4　农用水权确权对农户意愿节水投资金额的影响 OLS 和 Tobit 回归结果

变量	OLS 估计			Tobit 估计		
	1	2	3	1	2	3
农用水权确权程度	0.91*** (5.93)	0.472* (1.94)	0.506** (1.99)	0.986*** (5.17)	0.455* (1.80)	0.49** (19.80)
控制变量	未控制	控制	控制	未控制	控制	控制
省份固定效应	未控制	未控制	控制	未控制	未控制	控制
常数项	5.47*** (28.34)	4.94*** (5.20)	6.00*** (5.59)	5.272*** (26.6)	4.86*** (4.68)	5.980*** (5.68)
观测值	349	349	349	349	349	349
对数似然值	不适用	不适用	不适用	−820.59	−371.14	−368.79
调整的 R^2	2.58	2.05	2.07	0.016	0.051	0.058

注：*、**、***分别表示在10%、5%、1%的水平上显著。

（3）不同灌溉面积的农户确权程度对节水意愿和意愿节水投资金额的影响

由于样本中农户的灌溉面积差异较大，节水意愿和意愿节水投资金额也有较大差距。根据灌溉面积的大小将农户分为小户、中户、大户和特大户四种类型，将户均灌溉面积小于2.0829亩[①]的农户设为小户，户均灌溉面积大

[①] 借鉴中国人均耕地面积警戒线0.795亩、中国人均耕地面积1.35亩和第七次全国人口普查数据平均每户2.62人的数据，测算得到中国户均耕地面积警戒线为2.0829亩，中国户均灌溉面积为3.537亩。

于 2.0829 亩且小于 3.537 亩的农户设为中户，户均灌溉面积大于 3.537 亩且小于 50 亩①的农户设为大户，将户均灌溉面积大于 50 亩的农户设为特大户，回归结果见表 3.5。结果表明，四类农户的节水意愿均随确权程度的提高而增长，农户抵押贷款的意愿与农户的节水意愿具有正相关关系，农户对确权的了解程度可以显著增长农户的节水意愿。具体来看，随着农用水权确权程度提高一级，小户、中户、大户和特大户节水意愿分别增长 11.6%、11.9%、11.5%和12.3%，在 1%的显著性水平上通过检验。四类农户的节水意愿随着贷款意愿增长而增长，但对是否使用过农用水权抵押贷款，小户、中户和大户不再相关，特大户呈负相关关系。出现此类现象的原因，是由于农户的资质信用较低，即使赋予农户利用农用水权进行抵押贷款的权利，因小户、中户和大户可用于抵押贷款的水权量总体较低，这三类农户不会有抵押贷款的现实操作；农用水权作为一种新型抵押物，贷款利率较高，贷款过程更为烦琐，所以导致经历过农用水权抵押贷款的特大户不再愿意进行抵押贷款。当前农用水权的流转未能促进农户节水意愿的提升，主要是由于农户的确权程度较低，还未形成高频参与的农用水权交易市场，农户的节水收益难以实现，难以激励农户节水。

表 3.5　不同灌溉面积的农户节水意愿 OLS 估计（加入控制变量与地区固定效应）

变量	1（小户）	2（中户）	3（大户）	4（特大户）
农用水权确权的程度	0.116*** (3.26)	0.119*** (3.30)	0.115*** (3.20)	0.123*** (3.54)
年龄	−0.001 (−0.60)	−0.001 (−0.70)	−0.001 (−0.59)	−0.001 (−0.40)
文化程度	−0.018 (−0.56)	−0.020 (−0.62)	−0.017 (−0.54)	−0.010 (−0.33)
灌溉面积	−0.020 (−0.43)	−0.061 (1.16)	0.018 (0.37)	−0.193* (−1.68)

① 选取样本中户均灌溉面积前 10%的下限值（50 亩）作为特大户的下限值和大户的上限值。

变量	1（小户）	2（中户）	3（大户）	4（特大户）
确权方式	−0.700 (−1.21)	−0.750 (−1.22)	−0.070 (−1.14)	−0.050 (−0.89)
确权时间	−0.001 (−0.10)	0.000 (−0.01)	−0.001 (−0.03)	−0.000 (−0.04)
是否愿意进行农用水权抵押贷款	0.200*** (3.00)	0.204*** (3.17)	0.202*** (3.01)	0.209*** (3.23)
是否进行过农用水权抵押贷款	−0.073 (−1.43)	−0.063 (−1.30)	−0.070 (−1.44)	−0.050* (−0.98)
是否为农民用水协会成员	0.062 (1.18)	0.059 (1.13)	0.064 (1.24)	0.073 (1.45)
当地农用水权流转的难易程度	0.014 (0.35)	0.014 (0.35)	0.014 (0.33)	0.022 (0.05)
农户对于农用水权确权的了解程度	0.105** (2.21)	0.097* (1.93)	0.107** (2.22)	0.102** (2.20)
农户是否支持农用水权确权	0.070 (1.31)	0.076 (1.41)	0.070 (1.29)	0.076 (1.42)

注：*、**、***分别表示在10%、5%、1%的水平上显著。

同样对不同灌溉面积的农户意愿节水投资金额进行 Tobit 估计（见表3.6），回归结果表明，农用水权确权程度的提高能够提高农户意愿节水投资金额，对中户和特大户的激励程度较为显著。具体而言，随着农用水权确权程度提高一级，小户的意愿节水投资金额增长44.9%，在10%的显著性水平上通过检验；对中户的意愿节水投资金额增长51.8%，在5%的显著性水平上通过检验；对大户的意愿节水投资金额增长45.0%，在10%的显著性水平上通过检验；对特大户的意愿节水投资金额增长50.2%，在10%的显著性水平上通过检验。说明农用水权确权程度的提高对中户和特大户的节水激励更大。而农户进行水权抵押贷款的意愿和行为均与农户意愿节水投资金额无关，说明目前使用水权抵押贷款的成本明显较高，农户更愿意选择使用自有资金购买节水设备。当地的水权流转程度与农户意愿节水投资金额呈正相关性，这是由于农户进行节水投资需要通过水权交易回收成本并获取收益，交易成本越低，水权流转程度越高，农户的意愿节水投资金额越高。

表 3.6　不同灌溉面积的农户意愿节水投资金额 Tobit 估计（加入控制变量与地区固定效应）

变量	1（小户）	2（中户）	3（大户）	4（特大户）
农用水权确权的程度	0.449 * (1.87)	0.518 * * (2.08)	0.450 * (1.81)	0.502 * (1.98)
年龄	−0.020 (−1.36)	−0.022 * (−1.69)	−0.180 (−1.34)	−0.020 (−1.43)
文化程度	−0.224 (−0.92)	−0.163 (−0.66)	−0.139 (−0.57)	−0.103 (−0.42)
灌溉面积	−1.261 * * * (−1.66)	−0.808 * * (2.20)	0.664 * (1.66)	0.484 * (−0.51)
确权方式	−0.564 * (−1.66)	−0.418 (−1.17)	−0.336 (−0.97)	−0.300 (−0.91)
确权时间	0.021 (0.59)	0.021 (0.55)	0.025 (0.69)	0.024 (0.61)
是否愿意进行农用水权抵押贷款	−0.169 (0.33)	−0.076 (0.16)	−0.019 (−0.04)	−0.084 (0.17)
是否进行过农用水权抵押贷款	0.262 (0.84)	0.470 (1.42)	0.297 (0.90)	0.424 (1.27)
是否为农民用水协会成员	0.171 (0.53)	0.207 (0.65)	0.312 (0.89)	0.286 (0.84)
当地农用水权流转的难易程度	0.659 * (1.72)	0.733 * (1.85)	0.686 * (1.75)	0.717 * (1.83)
农户对于农用水权确权的了解程度	0.370 (1.39)	0.325 (1.08)	0.476 * (1.66)	0.433 (1.47)
农户是否支持农用水权确权	0.426 (1.28)	0.427 (1.26)	0.358 (1.06)	0.353 (1.05)
常数项	7.500 * * * (6.36)	6.035 * * * (5.67)	5.766 * * * (5.50)	5.680 * * * (5.57)
R^2	0.071	0.061	0.061	0.057

注：*、* *、* * *分别表示在10%、5%、1%的水平上显著。

3.4.5　稳健性检验

为检验回归结果的稳健性，本书从调查样本中随机抽取 80% 的样本组成子样本进行二次回归，表 3.7 是抽样后的小户、中户、大户和特大户的节水意愿稳健性检验结果。回归结果与上文的节水意愿影响方向和显著性一致，表明确权对于农户节水意愿的影响，结果较为稳健。

表 3.7　不同灌溉面积的农户节水意愿的稳健性检验结果

变量	1（小户）	2（中户）	3（大户）	4（特大户）
农用水权确权的程度	0.156*** (4.25)	0.157*** (4.26)	0.180*** (4.26)	0.156*** (4.26)
年龄	0.001 (0.31)	0.001 (0.25)	0.000 (0.02)	0.001 (0.27)
文化程度	0.001 (0.03)	−0.003 (−0.08)	0.00 (0.00)	−0.001 (−0.02)
灌溉面积	0.008 (0.17)	−0.036 (0.52)	−0.034 (−0.65)	0.028 (0.32)
确权方式	−0.049 (−0.78)	0.053 (−0.83)	−0.049 (−0.77)	−0.052 (−0.83)
确权时间	0.003 (−0.55)	0.003 (−0.56)	−0.003 (−0.56)	−0.003 (−0.56)
是否愿意进行农用水权抵押贷款	0.188*** (2.91)	0.188*** (2.83)	0.192*** (2.88)	0.185*** (2.79)
是否进行过农用水权抵押贷款	−0.125 (−0.22)	−0.001 (−0.18)	−0.082 (−0.15)	−0.017 (−0.31)
是否为农民用水协会成员	0.051 (0.95)	0.049 (0.92)	0.048 (0.88)	0.049 (0.91)
当地农用水权流转的难易程度	0.005 (0.12)	0.005 (0.12)	0.008 (0.19)	0.007 (0.16)
农户对于农用水权确权的了解程度	0.064 (1.24)	0.059 (1.07)	0.060 (1.15)	0.063 (1.24)
农户是否支持农用水权确权	0.070 (0.13)	0.012 (0.20)	0.061 (0.11)	0.005 (0.09)

注：***表示在 1% 的水平上显著。

　　四类农户的意愿节水投资金额的稳健性检验结果如表 3.8 所示，表明确权对于农户意愿节水投资金额的影响，结果较为稳健。

表 3.8　不同灌溉面积的农户意愿节水投资金额的稳健性检验结果

变量	1（小户）	2（中户）	3（大户）	4（特大户）
农用水权确权的程度	0.579** (2.06)	0.642** (2.25)	0.600** (2.25)	0.649** (2.24)
年龄	-0.007 (-0.49)	-0.013 (-0.97)	-0.006 (-0.40)	-0.006 (-0.46)
文化程度	-0.291 (-1.17)	-0.306 (-1.18)	-0.214 (-0.86)	-0.180 (-0.74)
灌溉面积	-1.029** (-2.11)	0.925 (2.03)	0.549** (1.22)	-1.050 (-0.92)
确权方式	-0.64** (-1.99)	-0.515 (-1.52)	0.026 (0.05)	-0.400 (-1.29)
确权时间	0.014 (0.36)	0.015 (0.36)	0.015 (0.36)	0.016 (0.39)
是否愿意进行农用水权抵押贷款	-0.091 (-0.17)	0.147 (0.29)	0.026 (0.05)	0.173 (0.34)
是否进行过农用水权抵押贷款	0.184 (1.58)	0.442 (1.33)	0.250 (0.73)	0.460 (1.42)
是否为农民用水协会成员	0.090 (0.24)	0.085 (0.24)	0.173 (0.43)	0.168 (0.43)
当地农用水权流转的难易程度	0.823** (2.07)	0.861** (2.10)	0.807** (1.98)	0.772* (1.93)
农户对于农用水权确权的了解程度	0.129 (0.51)	0.670 (0.25)	0.224 (0.88)	0.184 (0.70)
农户是否支持农用水权确权	0.258 (0.72)	0.313 (0.86)	0.230 (0.63)	0.289 (0.77)

注：*、**分别表示在10%、5%的水平上显著。

3.5　研究结论及推进农用水权确权程度的建议

3.5.1　研究结论

从微观层面上对农户的节水意愿和意愿节水投资金额进行考察，在考虑控制变量和省级固定效应的情况下，针对黄河流域农用水权确权对农户节水

的激励，以及通过安全效应、信贷效应和交易效应传导机制作出的 3 个假设
进行验证，得出如下结论：

第一，农用水权确权程度的提高会导致农户节水意愿和意愿节水投资金额
增加，并且对于中户和特大户意愿节水投资金额的增加最为显著。农户的节水
投资随着灌溉面积的增加呈先增长后下降再增长的趋势。根据产权经济学理论，
产权界定越清晰，农用水权的排他性越强，水资源的利用效率越高。随着农用
水权确权程度的提高，农户未来能够稳定获得农用水的概率增加，农户的节水
意愿加强，并产生将节余水出售获利的动机。由于节水投资行为存在规模经济
和边际效用递减，随着灌溉面积增加，节水设备投资产生的节水收益增加并达
到局部均衡点，此时灌溉面积再扩大也不能增加节水收益，但当户均灌溉面积
增至 50 亩以上时，节水投资行为会突破原均衡形成新的规模效应。

第二，农户对于农用水权抵押贷款的预期会显著增强农户的节水意愿，
但对农户意愿节水的投资金额不会产生影响。目前，农民的资质信用较低，
缺少其他抵押物，即便银行同意对其放贷，利率较高，农户在这种贷款环境
条件下也难以获得利润。因此，农户虽然有信贷的预期产生的节水意愿，实
际中并不会真正实施节水投资设施的贷款行为。

第三，农户的节水意愿与当地发生的农用水权流转无关，但农用水权流转
程度越高的地区，农户的意愿节水投资金额越高。中国发生的水权交易，主要
是政府推动下的大规模水权交易以及试点地区的农户间水权交易，较高的交易
成本导致农户自发的水权交易难以实现，故农户回收节水投资成本的难度增加。

3.5.2 政策建议

根据上述分析和结论，提高农用水资源利用效率的途径，是让农户可以
切实享受到节水所带来的红利，从而激发节水动力，从过去的"要我节水"
转变为"我要节水"。

（1）推进有条件的地区确权到户，提高农用水权确权程度。在精准测量
农户灌溉面积前提下，根据灌溉面积、种植作物、家庭人数、节水设备等情

况对农用水权进行初始分配并发放水权证，并将农户上述信息记录到水权证。对农用水权的使用量测度可根据实际情况选择适合的方式，如借助灌溉用电量和灌溉时间等计量。

（2）对农用水权抵押贷款精准补贴，简化贷款步骤，促进农户通过抵押贷款获取节水设施的资金。设立农用水权贷款基金会，一是对定额内用水农户进行精准贷款利率补贴，给予农用水权抵押贷款扶持，保证其资金流向节水设施购买、使用方面，对更新农用水权证书的农户给予贷款利率优惠，给予贫困户一定的免息贷款服务；二是对节水农户实行节水量差额补贴制度，利用助农专项贷款设置农户贷款专用通道，简化农用水权抵押贷款程序。

（3）拓展新的农用水权交易方式，促进农用水权流转。鼓励灌溉面积较小的农户进行转租承包，以此扩大户均灌溉面积，潜在扩大每例水权交易的规模，农户间的水权交易主要在大户间展开，在水权交易成本既定情况下，水权交易收益增加，节水收益得以实现。借助线上线下水权交易平台，鼓励农户自主交易。对节水量少的农户，村集体可以回收其分散节水和余水，并折算成电费或生活用水费对其进行补偿。对节水量大的农户，可以选择直接进行交易，或者地方政府结合情况设置相应的水权收储制度进行回购。

第 4 章

农用水权交易的演进及影响因素

中国水资源时空分布不均，水资源短缺形势依然严峻。《中华人民共和国国民经济和社会发展第十四个五年规划和2035年远景目标纲要》（简称"十四五"规划）提出"坚持节水优先，完善水资源配置体系，建设水资源配置骨干项目，加强重点水源和城市应急备用水源工程建设"，这对于保障国家水安全、推动长江经济带发展、黄河流域生态保护和高质量发展具有重要意义。理论研究及实践均已证明，水权交易可以实现农用水资源的有效配置，提高利用效率。中国农用水资源占比大，提升农用水资源利用效率和效益是实现水资源可持续发展的核心内容，是缓解水资源短缺的重要途径。目前，国内虽已发生多起农用水权交易，但总体表现为"小规模、分散化"的特点，交易活跃度低。本章通过对比分析国内外水权交易状况，从历史变迁和理论变迁两个角度，分析农用水权交易的演进路径和逻辑，提出"水权行政分配和再分配—水权交易探索—水权交易试点及加速发展"三个发展阶段，构建农用水权交易影响因素的层次结构模型，结合因子分析，从交易成本、交易方式、交易价格和交易规模四个方面对影响农用水权交易的因素进行实证分析，测算出重要影响因子的权重，抓住农用水权交易发展的关键点，有针对性地为相关政策提供参考。

4.1　农用水权交易的研究现状

4.1.1　水权交易市场的相关研究

水权交易能够提高农用水资源的配置效率和利用效率，在水权市场的运行机制研究上，存在三种观点：一是无市场说。依靠行政手段由政府开发和运营水资源而无须市场，此观点基于水资源所有权归国家拥有的属性，在计划经济时期起到很大作用。二是自由市场说。1980 年以后，世界范围内普遍认同，通过完全市场化的水权交易和水权市场是提高水资源效率的最有效机制，代表国家有澳大利亚、美国、智利等。2000 年以后，中国也开始探索利用市场机制来配置水资源，多数研究赞同引入自由市场机制比行政手段更可以激励农业节水，研究集中于如何清晰界定农用水权，以实现交易的市场化运行。三是准市场说。由于水权市场运作涉及多个主体，交易过程中容易产生外部性问题，即便澳大利亚发展水权市场已有多年经验，但私有产权并不能妥善解决诸多外部性问题。Bauer C J（1998）认为，水权市场受政治、制度、经济、文化等多因素影响，发展水权市场应严格统筹各方面的作用。实践证明，水权交易能够激励节水以提高水资源利用效率、协调水资源约束与促进经济发展（刘峰等，2016）。目前，中国已发生多起农用水权交易，但水权交易总体表现为"小规模、分散化"的特点，暴露出农用水权主体界定不清、水权交易成本高、水权交易收益低且无保障、农户节水积极性低等突出问题。

4.1.2　影响农用水权交易市场有效性的因素分析

一是从交易成本最小化视角进行研究。交易成本是考虑水权交易、水权市场的根本因素，水权交易能否发生、水权市场能否有效运转，取决于是否存在或未来能否设计出可以降低交易成本的制度（沈满洪，2004）。水权交易成本主要包括信息搜寻成本、讨价还价成本、计量成本、监督成本、防止侵权与寻求赔偿成本，交易成本对水权市场产出有影响，且交易成本对非成熟水权市场影响更大。中国众多分散小农户间高频率、小规模水权转让的交易成本非常高，农户间依靠市场机制实施水权交易与国情不匹配。

二是从利润最大化视角进行研究。国际文献研究导向是西方自由市场经济背景下，追求竞争性市场及均衡下的利润最大化。水权交易的收益由交易价格和交易水权量共同决定。在中国，水价形成机制还不完善，价格由交易双方协商完成，增加了交易成本；同时，分散的小农户与工业企业等由于地位不对称，农用水权出售价格低于工业水价，降低了水权交易的收益。中国与美国、澳大利亚等水权市场运行良好的国家在国情、水情方面存在差异，不能直接借鉴西方的理论和模型。由于中国农业结构和小农经济的国情，人均水资源占有量少，通过市场交易获取农用水权的节水收益较低。

三是其他因素。水权交易受水利设施供给、交易平台、用水户协会、第三方效应影响。

农用水资源属于准公共物品，结合中国特色国情，水市场只能是一个准市场，因为低效运转的市场还不足以支撑水权交易机制的"完美"运行，整体较弱的水资源规制也不能与水权交易机制的"完美"运行相匹配。自由竞争市场机制要求小规模的农用水户间直接交易，显然不是中国国情下最适宜的交易方式。在考虑到水资源禀赋、农业结构等国情差异以及深层次农业用水初始水权分配的基础上，最重要的是厘清农用水权交易的演进趋势，分析其影响因素和程度。从上述研究来看，国内外对于水权交易影响因素的研究较为丰富，集中于交易成本、收益稳定程度等方面。但对于多因素、多维度综合性分析的关注度较少，且针对中国国情的农用水权交易影响因素实证方面的研究较为欠缺。鉴于此，结合文献，在梳理中国水权交易演进路径的基础上，构造层次结构模型，从交易成本、交易方式、定价方式及交易规模四个维度，运用熵值法、因子分析等定性定量相结合的方法，探究影响中国农用水权交易的关键因素，为建立与中国国情相匹配的水权交易制度及水权交易模式提供依据。

4.2　国内外水权交易状况对比分析

4.2.1　中国水权交易的主要形式

根据水利部印发的《水权交易管理暂行办法》，中国水权交易分为区域水权交易、取水权交易、灌溉用水户水权交易三类，交易方式以协议转让、公开交易为主，交易期限则有短期临时性、长期两大类。水权交易价格多是采用交易双方协商定价方式，还有非市场化的政府指导定价、招标定价、全成本定价等方式。

（1）区域水权交易

区域水权交易是在用水总量控制要求下，位于相同流域或具备调水条件的不同流域的县级及以上行政区域之间开展的水权交易，交易客体是分配指标内的节余水量。2000年，浙江省东阳—义乌签订的水权转让协议是中国发生的第一例城市间水权交易，交易方式为协议转让，交易客体是东阳横锦水库中水资源的使用权，而水库所有权及工程维护等权利义务没有发生改变，交易水量为每年约5000万立方米，交易价格经双方协商定为0.1元/立方米。东阳—义乌水权交易最大的创新在于打破了原来行政计划式的水权分配传统，首次建立了跨区域型的水权交易市场。紧随其后，余姚与慈溪、绍兴与慈溪城市间的水权交易相继开展，水权交易双方都取得了较好的经济和社会效益。

为发挥市场在水资源优化配置中的作用，永定河上游区域间水权交易于2016年在中国水权交易所正式签约。该交易属于区域水权交易类型，交易方式为协议转让。交易出让方为河北省张家口市友谊水库管理处、张家口市响水堡水库管理处和山西省大同市册田水库管理局，交易受让方为北京市官厅水库管理处。首次永定河上游水量交易期限为1年（2016年度），交易水量按照2015年度山西、河北两省集中输水量确定，即5741万立方米，交易价格为0.294元/立方米。

由现有的区域水权交易案例可发现，交易主体多是各地政府及下属水利机构，交易的客体只是水权的使用权，交易形式大多采取协议转让，交易期限多为1年，具有交易水量高、交易价格低的特点。

（2）取水权交易

取水权交易是指除公共供水企业之外拥有取水权的单位或个人，将采用节水设施、调整种植结构等方式节余的取水额度，有偿地转让给需水单位或个人。目前发生的取水权交易多数属于行业间的水权交易，一般是从低效率用水的农业部门向工业、商业部门转移，即水资源的"农转非"现象。典型案例主要是内蒙古黄河干流盟市间发生的水权转让。2003 年以前，河套灌区每年引黄用水量约 50 亿立方米，灌溉水利用系数较低，年节水潜力超过 10 亿立方米。为推进节水以提高农业用水效率，2003 年起，黄河水利委员会与宁夏、内蒙古共同开展水权转换试点工作。2016 年，内蒙古水权收储转让中心有限公司及相关政府部门与内蒙古荣信化工有限公司等 5 家企业分别签订协议，通过公开交易的方式，以 1.03 元/立方米的转让价格完成了每年共计 2000 万立方米的水权转让。

这种由市场机制、水行政主管部门参与的水权转换实践依然是在政府主导下的水权转换，政府在水权市场上担任着水权交易的推动者、参与者和监管者等角色，处于水权市场建设的初级阶段。

（3）灌溉用水户水权交易

灌溉用水户水权交易是指具有合法水使用权的灌溉用水者或相关用水组织间进行的一种水权交易。目前已发生的此类交易，一是农户间的水权交易，二是用水者协会间的水权交易。农户间水权交易主要发生在甘肃省张掖市、新疆昌吉州呼图壁县实施水票制度的地区，以及石羊河灌区为农户颁发用水凭证的地区。在甘肃张掖市、新疆昌吉州呼图壁县以及石羊河流域的部分地区，灌溉管理部门为农户颁发水权证上登记水量的水票，按照"先购水票，后供水量，配水到斗，结算到户"的原则配水浇地，农户可以自由交易其水票，政府也可回购农户节余的水票；在石羊河流域，根据物价相关部门的规定，农业灌溉用水的交易价格不得超过正常水价标准的 3 倍。

随着灌区用水户交易的发展，在中国水权交易所平台上，还出现了多例用水组织间市场化的交易案例。2017 年，新疆昌吉州呼图壁县五工台镇乱山子村通过协议转让（一年期）的方式，将 158 万立方米农业灌溉用水以 0.216 元/立方米的价格出让给龙王庙村。2017 年，宁夏吴忠市利通区五里坡生态移民区农民用水者协会作为卖方以协议转让的方式，将 120 万立方米灌溉水以

0.229 元/立方米的价格出让给当地开发区农民用水者协会。2018 年，山东省胶州市胶莱镇南王疃村村民之间实施水权交易。2020 年，湖南省长沙县路口镇花桥湾村及福临镇金牛村等与桐仁桥水库管理所的水权交易，均由以往的协议转让转变为公开交易方式。

4.2.2 国外水权交易的主要形式

美国、澳大利亚的水权交易制度建设相对比较完善，墨西哥和智利的发展也相对成熟，多个国家推出了多种交易流转模式，而交易期限主要有永久、短期及临时三类。水权交易价格以市场供需定价方法为主，还存在全成本定价、影子价格定价法等形式。同时，这些国家还赋予水权抵押、担保、贷款等金融功能，促进了水权市场的更深层次的发展。

（1）美国的水权交易

19 世纪中叶，美国加州最高法院率先对水权交易的合法性予以肯定。20 世纪 90 年代以后，随着沿岸权许可制度的实施，美国东部地区水权交易逐渐发展起来。由于起步较早，美国的水权交易形式多样，包括商品水转换、水银行租赁、优先权放弃协议、临时性再分配、捆绑式买卖等（Schwabe K et al.，2020），其中，水权租赁交易是主要形式，亚利桑那州 90% 以上的水权交易是以租赁的形式进行，只有少量交易以永久销售的形式进行（伊璇等，2020）。此外，在涉及权力分配的水权制度方面，大多以历史沿留下来的水权分配形式为原则，结合了河岸权、优先使用权等水权制度，且不断地发展和完善，为其他国家提供了一定的借鉴。

（2）澳大利亚的水权交易

澳大利亚的水权交易发展较早，自 20 世纪末，澳大利亚就进行了与水权市场相关的水权配置管理的革新，赋予水权一定的独立性。但是，由于面临着较为严峻的用水问题，许多州已停止发放初始取水许可证，进一步促进了二级市场水权交易的发展。加之水权交易可以由各州的水管理公司直接进行，这为水权交易提供了充足的便利性。随着水权交易的开展，澳大利亚不同州政府因地制宜，逐渐建立起水股票制、临时或永久期限的水权交易等流转体系。其中，交易价格也随着每年水量的丰枯而不断调整。整体上讲，澳大利亚的水权交易发展得较为成熟。

（3）墨西哥的水权交易

在水权交易形式方面，墨西哥的水权交易主要是取水许可证交易。规定水权交易不能改变用水许可条款，交易程序较为简单，无须政府部门批准，只要通知国家水权注册相关机构即可。此外，如果向灌区以外进行水权转换，须获得用水者协会和国家水委员会的批准，且转让所得归灌区所有。墨西哥的水权及其交易制度也在不断地发展和完善，在交易价格方面，可以由交易双方协商确定，也可以根据政府规定的各地区水费标准收取。

4.2.3　国内外水权交易对比

对比国内外发生的水权交易案例发现，中国的水权交易主体、交易客体、交易方式、交易定价、确权状况、转让时限等要素与国外有诸多联系和区别，如表 4.1 所示。

表 4.1　国内外水权交易对比

分类	中国水权交易	国外水权交易
交易主体	政府、灌区管理机构、缺水企业、用水协会等用水组织、农户等	国家、联邦、省、农户等
交易客体	取水权、水资源的使用权	地权附属水或优先使用权、河岸权、使用权
交易方式	协议转让、公开交易、拍卖、集中竞价、双边协商、多边撮合、水市场交易	租赁、出售、协议让渡、水权市场的水权转换、水银行租赁、现货或期权交易、优先权放弃协议、捆绑式买卖
交易定价	协商定价法、政府指导定价、全成本定价法、影子价格定价法、实物期权法、招标定价法、拍卖定价法、集市型定价法	影子价格定价法、边际机会成本定价法、全成本定价法、供需定价法、可持续定价法
确权状况	行政分配、确权登记	行政批准分配及取水许可证、所有权和使用权独立登记、购买租赁许可、比例分享
转让时限	长期转让、短期临时性转让	永久性让渡、长期让渡、短期让渡

通过分析国内外水权交易得出，农用水权转移发生的前提是清晰的农用水权界定，而水权交易的潜在经济收益是进行交易的激励，较低的交易成本等外部性补偿解决机制是实现水权交易的保障。与国外水权交易活跃的地区相比，中国农用水权交易仍处于起步阶段，水资源管理较为滞后，水权制度不够完善，现行的农用水权交易存在规模小而分散、交易效率低的问题。历史因素、资源禀赋及政策制度三个方面的差异造成上述差别。首先，早期阶段，中国经济发展较为缓慢，经济发展与水资源的矛盾没有凸显。而美国、澳大利亚等国家经济发展较快，对水资源的需求持续增长，水资源短缺形势比较严峻，为缓解工业用水难的问题，探索并形成了完善的水权交易制度。其次，从资源禀赋角度来讲，水资源的权属附着于土地产权，中国人口基数大，人均耕地面积少，主要是分散经营状态，因此，水资源的分配也较为分散，农户可支配的水资源少，确权的难度大大提升。与此形成对比，在澳大利亚水权市场发达的区域，农户平均经营的土地面积大，水权交易可以形成良好的规模效应，农用水权交易效率较高。最后，中国的水权制度是行政计划式的供水管理制度，水资源是一种准公共物品，而澳大利亚等国家水权的私有程度高，自由的、以农户为交易主体的水权市场更适宜在这些国家开展。

4.3　中国农用水权交易的动态演进过程

本书研究的农用水权交易主要是指水权出让方为农业用水户的水权交易，结合对水权交易案例的梳理及国内外水权交易的对比分析，在历史变迁的基础上，分析中国农用水权交易的演进逻辑。农用水权交易离不开其制度约束，相关水权制度的发展为早前的习惯水权、传统水权、逐渐向现代水权转化三个阶段。在计划经济时期，政府的行政手段在水权的初始分配和再分配阶段发挥了重要作用。由于城市化及工业化转型，导致水资源稀缺性日益显现，加之经济制度的变迁也加剧了农用水权交易的迫切需求。自农村实行家庭联产承包责任制后，随着用水主体的变化，农用水资源的免费用水制度逐渐过渡为有偿使用制度。现有水权制度的改革与完善，是遵循水资源归国家所有这一前提，建立以产权明晰、权责明确、流转顺畅为目标，以取水权许可和登记、水权有偿获得、可交易水权为核心内容的现代水权制度。随着制度的变革，将中国农用水权交易发展梳理为三个阶段。

第一阶段（1949—1999 年）：水权行政分配和再分配阶段。此时期，水资源利用处于开放状态，其中，农业水资源以免费或福利的方式进行供给，属于公共福利农业水权制度，水权的初始分配和再分配机制都是以行政主导方式进行。但随着社会工业化和城市化的推进，经济体制的转型，以行政方式分配和再分配水权的成本增加，产生了在行政分配体系中引入市场机制的动力和需求，这是农用水权再分配机制变迁的一个新趋势。

第二阶段（2000—2011 年）：水权交易探索阶段。2000 年，浙江省"东阳—义乌水权转让"是中国第一次成功的水权交易案例，义乌市出资 2 亿元向东阳市购买了 5000 万立方米横锦水库水资源的使用权，属于区域层面永久性转移的水权交易。2000 年，内蒙古大唐托克多发电有限责任公司通过投资灌区节水改造工程，换取了 5000 万立方米的农业用水指标。在 2001 年和 2002 年，甘肃省张掖市开展灌区节水型社会建设试点，灌区内部成立农民用水协会并为灌溉农户发放水权证，随后在灌区内部农户间进行水权交易。2003 年开始，中国在黄河、黑河等流域开展水权交易的试点工作，发生的水权交易覆盖了水资源的农转非、区域间水权交易、灌溉用水户的直接交易三种形式，但这些水权交易的发生，主要是各级政府主导下的相互协调，仍然没有形成正式的水权市场。

第三阶段（2012 年至今）：水权交易试点及加速发展阶段。党的十八大以来，国家重点建设了包括水权制度在内的自然资源资产产权制度，推行了水权交易相关试点工作，并不断引入市场机制开展多种形式水权交易。2014年，水利部印发《关于开展水权试点工作的通知》，明确在宁夏、江西、湖北、内蒙古等 7 个省（自治区）进行具有针对性的水权试点工作，中国农用水权交易实践逐渐在全国开展。水权交易的类型包括政府回购、工业企业与农户间水权交易、用水协会间水权交易和农户间水权交易等多种交易形式。此阶段，虽然水资源已实现所有权与使用权的分离，但在现实中，公权与私权存在冲突，农用水权的商品属性难以实现，在此基础上发生的水权交易是一种尝试，是政府主导下各级水利部门及灌区组织下的相互协调，以地方性水权交易转让探索为主，还没有形成正式的水权市场。2016 年 4 月，水利部印发《水权交易管理暂行办法》，在水权交易类型、可交易水权范围、交易主体和期限等方面进行规定。此外，中国第一个国家级水权交易平台"中国水权交易所"也于 2016 年在北京成立，是目前开展水权交易的规范化场所，同时在内蒙古、河南、甘肃、山东等地相继成立了正式的水权交易中心、水权收储转让中心等平台，并出台了相关的水权交易政策文件。2017 年底，国家对水权交易试点地区进行验收，将试点地区形成的经验用于完善水权交易政策。这些交易平台和政策的出台，标志着中国正式水权市场的形成，使得农用水权交易更加市场化、透明化和规模化，农用水权交易逐渐走上正轨，进入实质性操作阶段。从交易方式上看，绝大多数的交易采取的是协议转让方式。此外，需按规定收取较高比例的交易服务费，目前，交易成本高同样是中国水权交易所交易的一大阻碍。

2017 年底，水利部水权改革试点工作基本完成，进入验收阶段，总结示范经验，全国地方级政策出台的进度也明显加快，水权制度进一步优化。2020 年，全国水权交易规模为 3.62 亿元，但灌溉用水户交易规模仅为 38.41 万元；2021 年度全国水权交易达 1510 单，交易水量 3.07 亿立方米，实现单数和水量的双增长，其中灌溉用户成交单数增幅明显，由 2020 年的 222 单增长到 1419 单，成交量也从 495.2 万立方米增长到 858 万立方米，成交额也增加了 2 倍，但相较于区域水权、取水权交易，灌溉用户交易规模仍较低，凸显出农用水权交易量与农业用水量、耗水量相比过小，仍无法起到广泛改善资源配置的作用，可能存在交易成本过高、交易价格较低以及交易方式单一等问题。

4.4　农用水权交易影响因素的实证分析

4.4.1　理论分析及研究假设

农用水权交易的历史变迁本质上是制度的变迁，有其演进逻辑。通过分析农用水权交易的历史变迁及动态演进，影响农用水权交易变迁的因素有多个，且诸多因素间是相互作用的。对比国内外水权交易案例以及中国水权交易的发展历程，从最初水权由政府行政分配和再分配到买卖双方水权交易的探索、试点，逐渐向市场化转变，外加水资源禀赋及供需矛盾的变化，可以发现，交易成本、交易方式、交易价格和交易规模的变化对农用水权交易发生与否及转化发挥着重要作用，且四个因素之间存在相互影响的关系，如图4.1所示。由此，本部分从四个方面分析其对农用水权交易的影响，进而提出相应的研究假设。

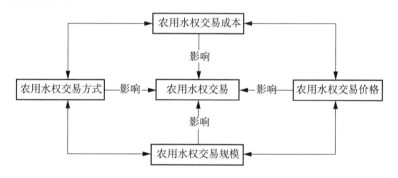

图 4.1　农用水权交易的影响因素及相互作用

基于产权经济学理论分析，农用水权交易的影响因素包括交易成本、交易方式、交易价格及交易规模四个方面。科斯定理强调了交易成本在产权制度变迁和经济发展中的重要作用。所以，在水权交易中，只有农用水权的交易成本低于交易带来的收益，水权才具备交易的基础，才能有效激发交易双方的积极性，因此交易成本是农用水权交易的核心驱动力。交易规模是影响水权交易的物理因素，通过规模效应，交易规模大小又影响到交易成本和收益的高低，因此农用水权交易从根本上受水权可交易规模大小的影响；相对于交易成本和交易规模，交易方式和交易价格对水权交易的影响要低。基于此，提出假设 1 和假设 2。

H1：交易成本、交易方式、交易价格和交易规模影响农用水权交易。

H2：交易成本和交易规模是农用水权交易的主要影响因素。

在农用水权交易方式中，农用水权交易早期阶段主要是政府占主导地位，但随着向市场经济的转型，行政指令式交易出现寻租现象严重、配置与再配置效率低下等弊端，市场化交易方式逐渐成为一种趋势。政府与市场在农用水权交易中的权衡体现在交易方式上，根据《水权交易管理暂行办法》的规定，交易方式主要有租赁、竞价拍卖、用水置换、协议转让及公开交易。其中，协议转让作为手续简便的交易方式影响着交易双方的交易进展，尤其是对于某一流域内的农户来讲，影响更大。公开交易则更能体现水权交易的市场化程度，从而对农用水权交易的达成具有重要影响。结合中国的国情，农用水资源作为一种准公共物品，在当前阶段，协议转让方式更利于提高农用水权流转效率。基于此，提出假设 3。

H3：在农用水权交易方式中，协议转让对农用水权交易的影响更大。

价格机制是市场化调节水资源的重要手段之一，也是决定水权交易市场效率的重要机制。交易价格高对农户节水具有激励作用，决定着农用水权交易是否发生。在中国，农用水权交易的价格主要由协商定价决定，进一步影响交易主体的经济预期，进而影响农用水权交易的开展。有效的定价机制能够打破传统农业生产对制度和路径的过度依赖，在激励农户节水的同时，又能预防农业用水被无效过度挤占。除此之外，鉴于流域间、行业间及农户间存在水资源禀赋差异、水资源环境差异及交易主体地位不对等的现实，水权市场的市场化程度以及交易信息的透明度等对其交易定价发挥作用。通过分析多起农用水权交易案例，结合中国农用水资源的特点，提出协商定价对农用水权交易价格的影响更大。基于此，提出假设 4。

H4：在农用水权交易价格的影响因素中，协商定价对农用水权交易的影响更大。

进一步地，水权界定清晰是进行农用水权交易的前提，也会影响水权交易的成本。交易成本包含制度成本、资金成本、外部性成本等。外部性成本指进行水权转让、交易时，对经济和文化造成负效应，损害生态系统的平衡，从而对第三方及社会产生影响并进行补偿的费用。以相关水资源管理制度与法规数量表示制度成本，以水利固定资产投资额表示资金成本，以特大防汛抗旱经费数来表示外部性成本，以此衡量农用水权交易成本。由于水权确权登记能有效提高水权交易主体的参与度，因此能提升水权市场的活跃度，增加交易机会，影响农用水权交易的达成。水利固定资产投资额影响水利基础设施的建设与维护状况，是农用水权市场运行的物理保障。基于此，提出假设 5 和假设 6。

H5：水权确权状况对农用水权交易有显著影响。

H6：水利固定资产投资额对农用水权交易有显著影响。

农用水权交易规模通过规模化效应，集中分散的农用水资源，降低交易成本，促进农用水权交易达成。衡量农用水权交易规模的因素有三个：一是水资源禀赋，以人均水资源拥有量表示；二是用水量及农户的节水能力，由于农业节水灌溉技术的采用，可提升节水潜力，增加可交易的水量，凸显农田灌溉水有效利用系数即节水能力的重要性，因此用农田灌溉水有效利用系数表示农户的节水能力，以人均用水量衡量用水能力；三是耕地面积，中国农田灌溉水资源的初始配置依附于所拥有的耕地面积，农用水权的交易规模取决于耕地面积大小，故用人均耕地灌溉面积指标来表示。基于此，提出假设 7 和假设 8。

H7：农田灌溉水有效利用系数对农用水权交易有显著影响。

H8：人均耕地灌溉面积对农用水权交易有显著影响。

4.4.2　研究方法、指标构建与数据来源

（1）研究方法

本书主要运用层次分析法和因子分析法进行研究。首先，通过构造层次

结构模型，选用层次分析法计算各评价指标的权重，运用 YAAHP 软件对准则层及次准则层构造的判断矩阵进行运算及一致性检验。其次，鉴于农用水权交易发展的现实情况及各指标数据的可得性，运用因子分析法分析影响农用水权交易各因素之间的关系。通过计算农用水权交易的主要影响指标的相关系数矩阵及进行 KMO 检验和 Bartlett 球形检验，判断因子分析的可行性和适用性。最后，用主成分分析法进行因子载荷的求解，提取影响农用水权交易的公因子。

（2）指标构建

对比国内外农用水权交易的影响因素，本书参考已有的研究文献，通过频数分析并发放问卷征求专家意见，得出水权确权系数、水管理制度与法规数、农田灌溉水有效利用系数、人均耕地灌溉面积等影响农用水权交易的因素，构建以农用水权交易影响因素综合评价为目标层，包含农用水权交易成本、交易方式、交易价格和交易规模 4 个因素的准则层，以及 16 个细分因子的次准则层指标体系。详见表 4.2。

表 4.2　农用水权交易影响因素的指标体系

目标层	准则层	次准则层
农用水权交易影响因素综合评价	交易成本	水权确权系数 水管理制度与法规数 水利固定资产投资额 特大防汛抗旱经费数
	交易方式	租赁及竞价拍卖 用水置换 协议转让 公开交易
	交易价格	协商定价法 拍卖招标定价法 影子价格定价法 全成本定价法
	交易规模	人均用水量 人均水资源拥有量 农田灌溉水有效利用系数 人均耕地灌溉面积

（3）数据来源

数据选取方面，主要选用 2008—2020 年《中国统计年鉴》《中国水资源
公报》《中国水利发展统计公报》以及中国水权交易所数据和北大法宝法律数
据库的数据，并对部分数据进行了标准化处理。其中，对于水权确权这一指
标，没有现行数据直接测度，考虑到水权界定需要有完善的基础设施和科学
的水资源管理水平来保障，反映基础设施状况的指标用已配套农田机电井眼
数和水位站数量衡量，反映农用水资源管理水平的指标用农民用水合作组织
数量和县级水务局数量衡量，基于此，运用熵值法进行赋权计算得到农用水
权确权系数，详见表 4.3 和表 4.4。

表 4.3 农用水权确权系数

年份	农民用水合作组织/家	县级水务局/个	已配套农田机电井眼数/万眼	水位站/处	确权系数
2008	40000	949	444	1244	0.0000
2009	50000	1089	451	1407	0.1370
2010	52000	1133	458	1467	0.1935
2011	78000	1216	465	1523	0.3113
2012	78000	1246	483	5317	0.3893
2013	80500	1255	493	9330	0.4305
2014	83400	1309	507	9890	0.5174
2015	97000	1294	511	11180	0.5378
2016	104700	1349	520	12591	0.6163
2017	112500	1302	524	13579	0.6056
2018	120200	1417	530	13625	0.7182
2019	128000	1454	538	15294	0.7807

表4.4 水权确权的因子分析指标数据

指标	年份											
	2008	2009	2010	2011	2012	2013	2014	2015	2016	2017	2018	2019
水权确权系数/θ	0.0000	0.1370	0.1935	0.3113	0.3893	0.4305	0.5174	0.5378	0.6163	0.6056	0.7182	0.7807
农民用水合作组织/家	40000	50000	52000	78000	78000	80500	83400	97000	104700	112500	120200	128000
县级水务局/个	949	1089	1133	1216	1246	1255	1309	1294	1349	1302	1417	1454
已配套农田机电井眼数/万眼	444	451	458	465	483	493	507	511	520	524	530	538
水位站/处	1244	1407	1467	1523	5317	9330	9890	11180	12591	13579	13625	15294
水管理制度与法规数/个	34	48	76	40	38	46	48	38	43	55	54	42
水利固定资产投资额/亿元	1088.2	1894	2319.9	3086	3964.2	3757.6	4083.1	5452.2	6099.6	7132.4	6602.6	6695.1
特大防洪抗旱经费数/亿元	24.55	21.26	21.91	20.73	46.95	42.13	35.62	29.1	39.5	38.4	35.06	36.73
人均用水量/(立方米/人)	446.2	448	450.2	454.4	453.9	455.5	446.7	445.1	438.1	435.9	431.9	430.2
人均水资源拥有量/(立方米/人)	2071.1	1816.2	2310.4	1730.2	2186.2	2059.7	1998.6	2039.2	2354.9	2074.5	1971.8	2074.3
农田灌溉水有效利用系数	0.489	0.496	0.503	0.51	0.516	0.523	0.53	0.536	0.542	0.548	0.554	0.559
人均耕地灌溉面积/(立方百米/人)	0.0831	0.0860	0.0899	0.0939	0.0973	0.1008	0.1043	0.1092	0.1139	0.1176	0.1210	0.1243

4.4.3　农用水权交易影响因素的实证结果与分析

（1）农用水权交易指标体系各影响因素的权重

选取国内研究水资源、水权研究领域的 10 位学术专家以及相关资源经济领域的研究专家，通过视频网络会议的方式对专家发放打分问卷，于 2021 年 3 月收回问卷 53 份，其中有效打分问卷 35 份。对问卷结果进行统计分析，最终确定农用水权交易影响因素综合评价的判断矩阵（见表 4.5）。

表 4.5　农用水权交易影响因素的准则层判断矩阵

分类	交易成本	交易方式	交易价格	交易规模	权重值
交易成本	1	3	2	1	0.3509
交易方式	1/3	1	1/2	1/3	0.1091
交易价格	1/2	2	1	1/2	0.1891
交易规模	1	3	2	1	0.3509

根据 n 值查表，得到随机性指标的一致性比例，即 CR 值。若 CR 值小于或等于 0.1，则可认为矩阵的一致性可接受，即层次总排序通过一致性检验。根据得出的结果，一级准则层判断矩阵一致性比例为 0.0039，最大特征向量值为 4.0104，即通过了一致性检验。次准则层一致性检验结果汇总如表 4.6 所示。

表 4.6　农用水权交易影响因素的一致性检验结果

分类	判断矩阵一致性比例	对总目标权重	最大特征向量值
交易成本	0.0093	0.3509	4.0248
交易方式	0.0062	0.1091	4.0166
交易价格	0.0039	0.1891	4.0104
交易规模	0.0077	0.3509	4.0206

由表 4.6 可知，农用水权交易影响因素次准则层一致性比例均小于 0.1，则可认为构造的判断矩阵具有一致性，即通过一致性检验，说明权重分配合理，各影响因素指标的权重结果见图 4.2。

由表 4.6 我们可以看出，交易成本及交易规模对总目标权重均为 0.3509，

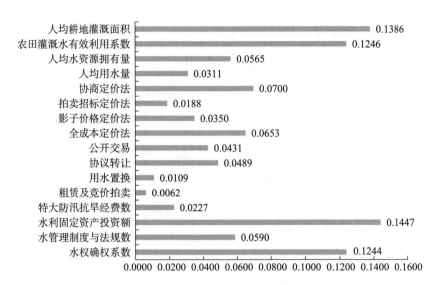

图 4.2 农用水权交易各影响因素指标的权重

而交易方式、交易价格对总目标权重分别为 0.1091 和 0.1891。这反映了目前农用水权交易最主要的影响因素是交易成本和交易规模，验证了假设 1 和假设 2，即交易成本、交易方式、交易价格及交易规模影响农用水权交易，交易成本和交易规模是主要影响因素。由于交易成本包含信息成本、谈判和决策成本以及合同执行成本，水权购买者必须承担超出市场水价的成本，其中的运输和确权成本在交易成本中占比较高，由图 4.2 可以看出，在影响交易成本的 4 个指标中，水利固定资产投资额的权重最大，为 0.1447，其次是水权确权系数的权重，为 0.1244。在交易规模中，人均耕地灌溉面积的权重最大，为 0.1386，其次是农田灌溉水有效利用系数的权重，为 0.1246。在交易方式中，协议转让所占权重最大，验证了假设 3，即在农用水权交易方式中，协议转让对农用水权交易的影响更大。此外，在交易价格上，协商定价所占的权重最大，验证了假设 4，即在农用水权交易价格的影响因素中，协商定价对农用水权交易的影响更大。

（2）相关性检验

相关系数矩阵是估计因子结构的基础，通过计算影响农用水权交易的 8 个指标的相关系数矩阵，并进行 KMO 检验和 Bartlett 球形检验，从而有效判断因子分析的可行性和适用性，结果如表 4.7 和表 4.8 所示。由表 4.7 可以看出，水权确权系数、水利固定资产投资额、农田灌溉水有效利用系数及人均耕地灌溉面积这 4 个指标之间相关系数较高，根据表 4.8 的 KMO 检验和 Bartlett 球形检验结果可看出，KMO 统计量为 0.722，大于 0.7，Bartlett 球形检验 P 值小于 0.001，表明变量间相关性较强，选取的指标适合因子分析。

表 4.7　农用水权交易影响因素的相关性矩阵

	项目	水权确权系数	水管理制度与法规数	水利固定资产投资额	特大防汛抗旱经费数	人均用水量	人均水资源拥有量	农田灌溉水有效利用系数	人均耕地灌溉面积
相关性	水权确权系数	1	−0.011	0.959	0.617	−0.684	0.152	0.989	0.981
	水管理制度与法规数	−0.011	1	0.012	−0.203	−0.075	0.294	0.016	0.012
	水利固定资产投资额	0.959	0.012	1	0.594	−0.744	0.203	0.978	0.980
	特大防汛抗旱经费数	0.617	−0.203	0.594	1	−0.201	0.436	0.584	0.568
	人均用水量	−0.684	−0.075	−0.744	−0.201	1	−0.161	−0.758	−0.792
	人均水资源拥有量	0.152	0.294	0.203	0.436	−0.161	1	0.171	0.179
	农田灌溉水有效利用系数	0.989	0.016	0.978	0.584	−0.758	0.171	1	0.998
	人均耕地灌溉面积	0.981	0.012	0.980	0.568	−0.792	0.179	0.998	1
显著性（单尾）	水权确权系数		0.487	0	0.016	0.007	0.319	0	0
	水管理制度与法规数	0.487		0.485	0.264	0.408	0.177	0.481	0.486
	水利固定资产投资额	0	0.485		0.021	0.003	0.263	0	0
	特大防汛抗旱经费数	0.016	0.264	0.021		0.265	0.078	0.023	0.027
	人均用水量	0.007	0.408	0.003	0.265		0.309	0.002	0.001
	人均水资源拥有量	0.319	0.177	0.263	0.078	0.309		0.297	0.289
	农田灌溉水有效利用系数	0	0.481	0	0.023	0.002	0.297		0
	人均耕地灌溉面积	0	0.486	0	0.027	0.001	0.289	0	

表 4.8 **KMO 和 Bartlett 检验**

KMO 取样适切性量数		0.722
Bartlett 球形检验	近似卡方	128.687
	自由度	28.000
	显著性	0.000

（3）实证结果分析

用主成分分析法提取影响农用水权交易的公因子，运用 IBM SPSS 进行回归得到因子得分，进而用第一主成分相应的方差贡献率对各因子进行加权，得出农用水权交易的方差贡献率（见表 4.9），根据方差大于 1 及方差贡献率累计大于 80% 确定因子个数，前三个特征值均大于 1，且 3 个公因子集中了 9 个原始变量信息的 91.712%，因此，选取 3 个公因子 F_1、F_2、F_3。为使各指标在各主因子上有明显集中的载荷，对因子载荷矩阵进行方差最大化正交旋转，得到各个因子的具体得分，结果如表 4.10 所示。

表 4.9 **农用水权交易的总方差分析**

成分	初始特征值			提取载荷平方和		
	总计	方差百分比	累计/%	总计	方差百分比	累计/%
1	4.977	62.212	62.212	4.977	62.212	62.212
2	1.273	15.909	78.121	1.273	15.909	78.121
3	1.087	13.592	91.712	1.087	13.592	91.712
4	0.476	5.948	97.660			
5	0.144	1.799	99.460			
6	0.038	0.476	99.936			
7	0.005	0.059	99.995			
8	0.000	0.005	100.000			

注：提取方法为主成分分析法。

表 4.10　旋转后的成分矩阵[a]

指标	成分		
	F_1	F_2	F_3
水权确权系数	0.950	0.205	−0.105
水管理制度与法规数	0.030	0.101	0.938
水利固定资产投资额	0.957	0.216	−0.053
特大防汛抗旱经费数	0.437	0.740	−0.402
人均用水量	−0.846	0.062	−0.194
人均水资源拥有量	0.043	0.877	0.336
农田灌溉水有效利用系数	0.975	0.184	−0.053
人均耕地灌溉面积	0.982	0.173	−0.041

注：提取方法为主成分分析法。

旋转方法：Kaiser 标准化正交 a。

a. 旋转在 7 次迭代后已收敛。

得出农用水权交易影响因素指标体系的因子分析模型：

$$x_1 = 0.950F_1 + 0.205F_2 - 0.105F_3 \tag{4.1}$$

$$x_2 = 0.030F_1 + 0.101F_2 + 0.938F_3 \tag{4.2}$$

$$x_3 = 0.957F_1 + 0.216F_2 - 0.053F_3 \tag{4.3}$$

$$x_4 = 0.437F_1 + 0.740F_2 - 0.402F_3 \tag{4.4}$$

$$x_5 = -0.846F_1 + 0.062F_2 - 0.194F_3 \tag{4.5}$$

$$x_6 = 0.043F_1 + 0.877F_2 + 0.336F_3 \tag{4.6}$$

$$x_7 = 0.975F_1 + 0.184F_2 - 0.053F_3 \tag{4.7}$$

$$x_8 = 0.982F_1 + 0.173F_2 - 0.041F_3 \tag{4.8}$$

其中，用 F_1、F_2 及 F_3 代表 3 个公因子，$x_1 \sim x_8$ 分别代表原始指标变量。

通过表 4.10 及因子分析模型可知，影响农用水权交易的第一个公因子 F_1 主要由水权确权系数（x_1）、水利固定资产投资额（x_3）、农田灌溉水有效利用系数（x_7）及人均耕地灌溉面积（x_8）4 个指标决定，这 4 个指标在公因子 F_1 上的载荷分别为 0.950、0.957、0.975 和 0.982，均大于 0.85，说明较为显著。其中，水权确权系数（x_1）、水利固定资产投资额（x_3）主要反映农用水权交易中交易成本情况，体现出确权成本和资金成本的重要性，验证了假设 5 和假设 6，即水权确权状况、水利固定资产投资额对农用水权交易有显著影响。由此可见，界定清晰、产权明确的水权是交易的前提，也是影响农用水权交易的关键因素。人均耕地灌溉面积（x_8）和农田灌溉水有效利用系数（x_7）对公因子 F_1 的贡献相对较大，人均耕地灌溉面积是表示农用水权交易量的指标，农田灌溉水有效利用系数代表农业用水的节水能力和潜力，二者主要反映农用水权的交易规模及收益高低，验证了假设 7 和假设 8，即农田灌溉水有效利用系数和人均耕地灌溉面积对农用水权交易有显著影响。因此，需要从影响交易成本和收益的上述 4 个因素分析，通过增加水利固定资产投资额来提升农用水权的确权程度以降低交易成本，提高农田灌溉水有效利用水平和扩大人均耕地灌溉面积，增加交易规模以保证收益，激励农户节水并进行水权交易。

影响农用水权交易的第二个公因子 F_2 主要由人均水资源拥有量（x_6）决定，载荷达 0.877，代表人口和水资源总量的关系，衡量可用于水权交易的水量多少，是反映水权交易规模的指标。人均水资源拥有量越高，农用水权交易的规模越大，水权交易才能产生规模效应，有利于推进农用水权交易。

影响农用水权交易的第三个公因子 F_3 主要由水管理制度与法规数（x_2）决定，载荷为 0.938。水资源作为社会经济发展的一种准公共物品，既要考虑其作为生产要素的商品属性，还要兼顾其生态系统功能，因此，制定科学、完善的水资源管理制度与法规，是水资源高效利用和可持续发展的前提和保障。完善的水管理制度与法规体系，能够降低农用水权的交易成本，保障交易双方的权利和利益。

4.5 结论与启示

根据农用水权交易动态演进及实证分析，本部分得出以下三个结论：第一，交易成本和交易规模是影响农用水权交易的两个最重要因素；第二，交易成本中的水权确权系数和水利固定资产投资额对农用水权交易有显著影响；第三，交易规模中的农田灌溉水有效利用系数及人均耕地灌溉面积对农用水权交易有显著影响。基于此，得出如下政策启示。

（1）推进水资源确权，可为农用水权交易创造条件

除少数试点地区外，现有农用水权一般界定到乡镇或村集体范围，属于俱乐部产权形式，农用水权缺乏排他性，集体内部的农户仅拥有用水权，无法享有处置权等其他权能，因此，农户缺乏采取节水措施用于交易获利的激励。通过改善水资源确权方法和流程，开发水权确权数据库系统，强化信息监管，对农业用水进行精准计量，缩小水权共有范围，可借助农民用水协会，推进农用水权确权到户，优化水资源的初始分配，有效保护水资源环境，减少水权冲突，提高水资源分配系统的灵活性。在此基础上，制定配套的水资源交易机制和利益补偿机制，提升水资源的再配置效率。

（2）探索"规模化交易"水权流转新形式以降低交易成本

国际上盛行的农户间市场化的水权交易形式，有效推进了水权市场的发展，在很大程度上缓解了用水矛盾。在中国，农户拥有的水权存在数量少的特点，农户间小规模、分散化的农用水权交易形式面临着高昂的交易成本，以及水权交易收益低且无保障的问题。在充分考虑中国水资源禀赋、分水传统及小农户经营等特定国情后，因地制宜探索适合中国的农用水权交易机制，如各级政府对农户分散的水权进行回购，借助农民用水协会，运用"农户+农民用水协会"等多种联合方式，进行规模化、集中性交易，从而大大降低交易成本，促成农用水权交易，实现水资源的有效分配。

（3）拓宽水利设施的投融资渠道以增加水利资产投入

加强水利基础设施建设，提高其储水能力、运输效率和确权条件，增强水资源调配的灵活性，为农用水权交易提供设施保障。因为水利设施具有很强的公共物品属性，以往的水利投资对象主要是政府部门，通过发挥利益导向机制，增加社会资本进入等多种途径，以有效拓宽水利项目投融资渠道，减轻政府财政压力，提高水利固定资产投资额。

（4）继续提高农田灌溉水有效利用系数以实现农业节水

大力支持科技创新，开发水资源的计量、储运技术。积极推进农业取水的监控及统计工作，强化水资源监控能力以及科技支撑能力。具体可通过转变传统的高耗水灌溉方式，对农业用水实施监控、计量、统计及考核。大力推进节水改造工程项目，完善农田灌溉节水减排系统，减少渗水、漏水及蒸发损失，继续提升农田灌溉水有效利用系数，增加可用于水权交易的节余水量。

（5）完善农用水管理制度与法规建设，为水权交易提供制度保障

水管理制度与法规为交易提供制度保障，能够降低交易成本和外部成本，促进达成交易契约。完善的法律法规及清晰明确的交易规则，需要对水权交易的总量、水质、交易方式、期限等进行规范，建立动态的农用水权交易监管体系，加强对水权交易的审查和监管，规范市场秩序，发挥宏观调控的关键性作用。另外，相关法律法规可在农用水权交易的外部性问题方面做出规定，明确交易双方的责任与义务，实现水权交易的良性发展。

第 5 章

农用水权交易规模的均衡选择及规模化交易机制

农用水资源作为一种准公共物品，农用水权交易受到产权的排他成本与内部管理成本的双重约束。根据产权交易的收益和成本分析，建立农用水权交易的均衡数量分析模型，以确定农用水权交易的适度规模，是实施农用水权规模化交易的首要问题。因此，本部分首先构建农用水权交易规模的均衡模型，分析农用水权交易规模的均衡数量的选择机制；其次，从小农生产、计量成本高等方面分析中国农用水权交易规模选择的特殊性；最后，基于中国特有的国情和农情，考虑现货交易和期货交易两种形式，构建"多层次、全国性农用水权规模化交易体系"和"农用水权规模化交易的期权交易"两大类规模化交易新模式。本部分先设计"多层次、全国性农用水权规模化交易体系"，其中，"多层次"是指"农户+农民用水协会""农户+用水大户投资农业节水""农户+地方政府回购"交易模式，"全国性"是指"全国性农用水权匹配"交易模式。"农用水权规模化交易的期权交易模式"将在第6章深入分析。

5.1 农用水权交易规模的均衡选择机制分析

5.1.1 产权的排他成本

1960 年以后，德姆塞茨、麦克马纳斯、安德森、黑尔等一批学者用新古典主义方法研究土地等各类财产问题，对产权理论的发展作出了巨大贡献。德姆塞茨（1967）运用产权理论解释加拿大北部印第安部落私有权的产生问题时指出，因为排他性权利的确立提高了社会的净财富量。麦克马纳斯（1972）此后对印第安部落有关皮毛贸易的排他性产权问题进行了研究，发现印第安人狩猎者一般聚集为一个小的部落，内部成员有权利阻止部落外的成员取得肉和皮毛进行出售，即用于交换的物品必须具有排他性。安德森和黑尔（1975）在二人的基础上，进一步拓展了产权排他性的研究，认为产权界定和交易等实施行为需要界定其物品或资源的排他性权利，并构建了界定产权和实施的边际成本和边际收益模型，具体模型见图 5.1。

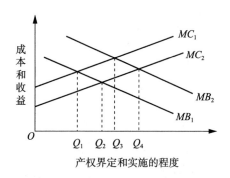

图 5.1　产权排他性行为的均衡数量

图 5.1 中，横轴为产权界定和实施排他性行为的程度，纵轴为产权界定和实施排他性行为而付出的成本和获得的收益。产权的本质是一种排他性的权利（诺斯，1997），因此，明晰的产权是一种排他性权利。产权的排他性成本是指确立排他性权利的过程中所耗费资源的投入成本，包括产权的界定成本和实施成本。界定成本是指对物品或资源给出物理或价值形态的边界过程中所产生的成本，主要受到物品或资源的自然属性、计量技术的影响。实施成本是指在物品和资源的交易让渡过程中，由于信息不对称而产生的成本，主要受交易费用、产权主体的能力影响。根据成本收益分析，在产权界定和实施排他性行为的边际成本曲线（MC_1）与边际收益曲线（MB_1）相交的点，即边际成本等于边际收益时，产权界定和实施的程度（Q_1）为排他性行为的均衡数量。当影响边际成本函数的关键参数发生变动而边际收益函数没有变化时，如界定和实施农用水权排他性的计量技术大幅改进，使边际成本曲线

由 MC_1 向下移动到 MC_2 时，导致建立排他性行为的程度和数量增加，由最初排他性程度 Q_1 提升至 Q_2 水平；农用水权的边际收益函数表示对排他性产权的需求，当水资源稀缺价值继续增加时，边际收益函数曲线则由 MB_1 向右移动到 MB_2，而边际成本函数未发生变化时，也会导致建立排他性行为的程度和数量增加，由最初排他性程度 Q_1 提升至 Q_3 水平；随着经济社会的发展，工商业用水需求量的增加，水资源稀缺性程度增加，水资源价值上升，同时实施农用水排他性产权的计量技术持续改进，使得农用水权的界定和实施成本更低，就会导致农用水权界定和实施排他性行为提升至 Q_4 水平。

根据新制度经济学派的观点，在现实中存在各种形式的共有产权结构。而安德森和黑尔的产权收益成本均衡模型仅考虑了产权界定、交易等实施行为的排他性成本，没有考虑到诸多公有资源属性的集体产权、共有产权形式内部的管理成本，致使产权交易的真实边际成本降低。

5.1.2　农用水权交易规模的均衡选择机制

内部管理成本产生于共有问题，是指不具有排他性，公共拥有产权的所有者做出决策，采取行动时所耗费的成本。如果农用水权归个人所有，水资源的使用、交易的决策和行动完全是农户个人行为，无须与他人进行协调，此时农用水权的内部管理成本为零。但在现实中，农用水资源的准公共物品属性和农用水权的俱乐部产权形式，意味着农用水资源归属于人数不等的所有者共同所有，必然存在着内部管理成本。此时，农用水权交易规模的均衡选择模型中，边际成本则由产权排他成本与内部管理成本两部分构成。

（1）主要变量与基本假设

①农用水资源是一种准公共物品，主要以俱乐部产权形式存在，俱乐部规模或内部成员数量是追逐使用水资源价值的人数，即 m。②设进行农用水权交易的排他性成本函数为 $C_A = f_A(m)$，$MC_A = C_{A'} = f_{A'}(m) < 0$，是交易规模 m 的单调减函数，含义是边际排他成本曲线。③设进行农用水权交易的内部管理成本函数为 $C_B = f_B(m)$，$MC_B = C_{B'} = f_{B'}(m) > 0$，是交易规模 m 的单调增函

数，含义是边际内部管理成本曲线。

（2）模型说明

产权交易的总成本由产权排他成本和内部管理成本两部分构成，在图5.2中，用 MC_A 表示水权的边际排他成本，用 m 表示追逐水资源价值的人数，随着追逐水资源价值的人数增加，界定水权的边际排他成本越低；而内部管理成本是针对缺乏排他性的共有产权、集体产权而言的，其水权所有者为限制水资源的过度使用以实现净产出增加，在决策制定和执行时所付出的所有成本，包括在农用水权俱乐部产权内部所发生的管理费用、时间成本及信息成本等，MC_B 表示边际内部管理成本。内部管理成本与产权的排他成本不同的是，随着追逐水资源价值的人数的增加，其边际内部管理成本也逐渐增加。

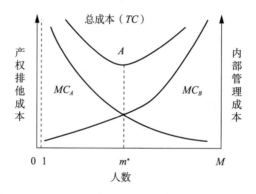

图5.2 农用水权交易规模的均衡数量模型

当 m 趋近于1时，表示产权归单个人所有，农用水权已被界定到农户层面，参与水权交易的主体是农户个人。由于 $C_A = f_A(m)$，$MC_A = C_{A'} = f_{A'}(m) < 0$，是交易规模 m 的单调减函数，这时，产权交易的排他成本趋向于增加，即农用水权被清晰明确到农户个人的界定成本最高；由于 $C_B = f_B(m)$，$MC_B = C_{B'} = f_{B'}(m) > 0$，是交易规模 m 的单调增函数，这时，使用农用水权的内部成员数量接近1，农用水权交易完全成为个人的行为，不需要与他人协商，故产权交易的内部管理成本趋近于0，处于最低水平，即农用水权俱乐部内的成员数量 m 数值越小，意味着农用水权界定越清晰，说明农用水权交易的排他成本越高，但其内部管理成本越低。

当 m 趋近于 M 时，表示产权归社会全体成员共同所有，农用水权的产权形式则是共有水权、俱乐部水权等，参与水权交易的主体是省级、县级、乡镇或村集体的全部农户。此时，产权交易的排他成本趋向于降低，即农用水权被界定到县级、乡镇或村集体的成本远低于界定到个人，产权界定到个人、村集体、乡镇、县级、省级、国家层面进行水权交易时的排他成本逐渐降低；而由于使用农用水权的内部成员数量接近 M，这时，内部成员众多，达成一项水权交易行为需要进行高度的协商，内部管理成本在理论上也将达到最高水平，即农用水权俱乐部内的成员数量 m 数值越大，内部成员数量越多，意味着农用水权界定范围越大，界定程度越不清晰明确，说明实施农用水权交易的排他成本越低，内部管理成本越高。

（3）农用水权交易规模的均衡数量

排他成本（C_A）和内部管理成本（C_B）二者共同决定了水权交易的总成本（T_C）大小，即 $T_C = C_A + C_B = f_A(m) + f_B(m)$，其曲线呈弧形，表明对农用水权交易所产生的成本而言，把农用水权清晰计量到农户层面（私人产权）并促使农户与农户间进行水权交易，并不是最有效率的产权结构。同理，也并不能说明把农用水权界定为完全的共有产权，从而实施跨流域、跨省水权交易是最有效率的。本质上，农用水权交易规模的确定应该基于人数、产权的排他成本和内部管理成本的均衡分析，寻求农用水权交易的"最优规模"，只有当 $MT_C = T_{C'} = C_{A'} + C_{B'} = f_{A'}(m) + f_{B'}(m) = 0$ 时，两条边际曲线的交点 m^* 是总交易成本的极小值点，也是农用水权交易最佳规模的均衡点。因为，农用水权交易的边际排他成本（MC_A）和边际内部管理成本（MC_B）二者共同决定了水权界定的边际总成本（MT_C）大小，即 $MT_C = MC_A + MC_B = 0$。因此，水权交易的"最优规模"应该是曲线 C_A 与曲线 C_B 的交点 A，对应的农用水权俱乐部的最佳成员数量为 m^*。

根据上述分析得出以下三个结论：一是农用水权的交易行为受到水权排他性成本和内部管理成本的双重制约，不能简单认为私有产权就是最有效率的产权结构；二是 m^* 是一个权利共享的共同体，其大小由内部管理成本和产权排他成本共同决定，由此决定了农用水资源俱乐部产权的规模大小，现实中表现为村集体、乡镇、县级、灌区等多种产权形式；三是 m^* 也是进行农用水权交易的最佳规模数量的点，具体化为村集体之间、乡镇之间、县级之间、跨灌区跨流域的水权交易形式。

5.2 中国农用水权交易规模选择的特殊性分析

中国农用水权交易机制选择的特殊性，主要是基于特定自然环境、资源禀赋、农业结构、社会制度、文化传统和价值观等中国特有的国情因素导致排他成本较高。这体现在修建灌溉水利工程、全国范围内实施节水等大规模公共物品的供给中，以农户作为产权主体，通过完全竞争的自由市场方式难以实现，而国家从整个社会动员人力和财力，通过灌区、乡镇等集体行动，开发、利用和管理水资源的方式更为有效，这与美国及澳大利亚以及欧洲大陆一些国家有着极大区别，具体情况如下。

5.2.1 水文环境的复杂性，导致水权交易的排他成本高

中国的水资源供给主要有地表水源、地下水源和其他水源三种方式。根据《中国水资源公报》数据，2021年度中国地表水源供水量为4928.1亿立方米，占供水总量的83.2%；地下水源供水量为853.8亿立方米，占供水总量的14.5%；其他水源供水量为138.3亿立方米，占供水总量的2.3%。地表水源由河流、湖泊、冰川和沼泽四种水体构成，其中河流又是地表水源的主要组成部分。基于水资源的自然、经济和社会属性，中国将七大江河流域及主要水系与行政区域有机结合，划分为松花江、辽河、海河、黄河、淮河、长江、东南诸河、珠江、西南诸河、西北诸河共10个水资源一级区。这10个水资源一级区在气候、地形、地貌、水资源丰裕度、取用水开采难度、经济社会发展程度、土地利用类型、人口密度、水利设施等方面存在较大差异，

还存在着洪涝灾害频发等重大问题。中国独有的差异性自然地理环境，注定了对农用水资源的开发利用、保护与防洪等行为需要多个地区联合和诸多民众集体行动，通过单个农户间自由合作开展集体行动的成本非常高。在农用水权交易规模选择模型中，进行农用水权交易的边际排他成本曲线 MC_A 表现为非常陡峭的状况，致使均衡的农用水权交易规模 M^* 的程度较高（见图 5.3）。而欧洲大陆等西方国家，自西方文明发育的早期，就不存在像中国这样的气候差异、降水差异和洪涝灾害，也不存在像黄河流域的降水分布不均、年际变化大、泥沙淤积、防洪治洪难度大等威胁，此类国家在水资源开发利用中，不需要多地区、多个民众的集体行为，因此，单个农户间自由合作的

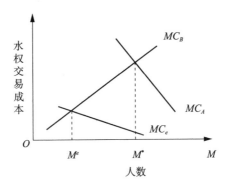

图 5.3　中国与西方国家农用水权交易规模选择的差异性分析

用水成本比较低。在模型中，意味着进行农用水权交易的边际成本曲线 MC_e 趋向于扁平化，由此决定了均衡的农用水权交易规模 M^e 的程度较低。中国与西方国家在农用水权交易规模选择上的不同，本质上是迥然不同的自然地理水文环境，导致了各自实施水权交易的排他成本差距较大，由此决定了不同的水权交易规模水平。

5.2.2　农业生产结构的特殊性，导致农用水权交易的收益低

欧洲以及澳大利亚、美国这些具有较成熟的水权市场经验的国家普遍认同完全市场化的水权交易机制是提高水资源效率的最有效机制，并将农用水权清晰界定到农户，通过农户间自由合作的水权交易提高水资源的利用效率

和配置效率。2000 年，中国开始探索利用市场机制来配置水资源，多数研究赞同市场机制可以激励农业节水（汪恕诚，2000；姜文来，2000；胡继连，2010），实践证明，市场化的水权交易机制是实现水资源效率改善的有效手段。但考虑到中国农业结构、小农户生产、人口和土地的资源禀赋等特有的国情因素，与澳大利亚、美国、加拿大等国家开展农用水权交易的背景不同，不能完全依照这些国家的水权制度理论和经验。2020 年，中国人口数是141212 万人，全国有耕地 12786.19 万公顷（19.179 亿亩），人均耕地面积为1.359 亩。中国人均耕地面积仅是世界平均水平的 1/3，而美国的人均耕地面积为 10.5 亩，是中国人均耕地面积的 7.7 倍，澳大利亚人均耕地面积是 27亩，是中国的 20 倍，加拿大的人均耕地面积是中国的 18 倍。2020 年，中国耕地灌溉面积为 69161 千公顷，人均耕地灌溉面积仅为 0.735 亩，更是远低于世界平均水平。中国是世界上第一人口大国，耕地面积仅占世界总耕地面积的 9%，中国人均耕地面积世界排名 126 位。这种"人多地少"的要素结构和"小农户生产"的农业结构的独有国情，决定了开展农户间水权交易的前提是水权清晰界定。与其他国家相比，中国每个农户需要承担高昂的水权排他成本，且单个农户所能够出售的节余水权量极少，这就导致农户水权交易的预期收益低，高昂的交易成本及较低的预期收益，最终迫使农户放弃交易。因此，基于中国资源禀赋、农业结构的特殊性考量，农户间水权交易具有"小规模、分散化"的特点，分散的农户在水权计量、信息搜寻等方面的交易成本高，而小规模的水权交易量及欠完善的水价机制，又导致水权交易的低收益。解决这一问题，逻辑是通过提高水权交易规模以降低水权排他成本并增加收益。

5.2.3　计量技术和设施的限制性，导致农用水权度量成本高

农用水权技术和设施的限制性，导致农用水权度量成本高，增加了水权排他的难度。现有农用水计量手段主要有四种：一是利用灌溉渠系上设有的配套水闸、渡槽等建筑物，根据水力学原理测量过水流量；二是设置水尺观

测水位，利用水位流量关系计算流量；三是利用机械式水表、电磁流量计、超声波流量计等仪器自动计量；四是根据水电关系折算系数等间接估算方法进行计量。但目前这些计量设施与技术容易受到断面不稳定、回水、冬季冻胀、水里富含砂粒及杂质等诸多影响，导致计量难度增大和精度不够，尤其是对黄河这种泥沙输送量大、含沙量高的河流进行计量，水表极易损坏。现有的计量技术和设施不能有效降低实施水权交易的度量成本。度量成本是在信息不完全条件下，人与人之间借助物品或服务的让渡进行权利让渡过程中，对物品或服务的价值属性进行测量和界定的成本，是水权交易排他成本中的一部分。度量成本越高，所达成契约的完备性越差，从而被置于公共领域的物品的有价值属性就越多。对农用水资源而言，由于计量技术和设施的限制性，致其度量成本过高，精确计量每个农户用水量的难度较大。如通过建设封闭的灌溉管道、渠系，在每个农户的田间地头安装先进的测量设备并逐一安装水表，据此按照实际用水量来计收水费。现阶段，购买测速计量设备及铺设封闭管道的花费较高，尤其是在分散的农户中推行一户一表，会使每个农户承担的水权排他性的界定和分配成本非常高，与现行水资源的稀缺价值相比较，农用水权的终端界定实施难度较大。作为农用水权的产权主体，农业用水户没有能力独自承担这些高昂的成本，加之无法保证获得精确界定水权后的全部收益，因此，由农业用水户承担购买设备的成本来计量和界定农用水资源是不可能的。而现行由国家或地方政府负责灌溉工程及设备的投资供给机制，存在着投资少、管理及维护困难等问题，难以满足现代节水农业发展的需要，即现行的水利设施供给机制不能解决农用水资源的终端计量问题。

实地调研一座受世界银行资助进行供水的村庄，由于此村庄地势高，农业灌溉难以利用当地的黄河水，共打了 29 眼机井，修建了 10 座桥涵并安装潜水泵等配套设施，埋设了 9.2 公里的 PVC 低压管道和 6.5 公里的农用电缆，并给全村 110 户村民每户发放一张射频卡，由此实现了农用水权计量到户的私有产权模式，使农户分配到的水权具有非常强的排他性。据此可计算出实现农用水权的排他成本，其中，一套潜水泵的成本为3000元，每户分摊的计量成本为790元左右，加上打井及管道等费用，实施农用水权界定和分配到户的排他成本非常高，使其清晰计量到个人层面，经济上并非最优，理性的选择是将农用水权置于一定规模的公共领域。

5.2.4　历史文化及制度的偏好性，导致水权交易有集体行动的选择倾向

由于历史文化及制度的偏好性，水权交易行为对集体行动的选择倾向形成了一种正反馈机制。农用水权交易成本与社会体制、历史文化传统等因素有关。长期来看，中国对水资源的分配与管理主要依靠行政手段，在这样的背景下，缺乏利用水市场自发实现农用水资源再配置的制度条件与基础配套设施，利用完全竞争的市场方式进行农用水权交易面临着较高的交易成本。加之由于发展水市场的法律体系、产权制度等配套环境的不完善，引入完全竞争的水市场这一新体制的制度变迁成本较高。相对于中国而言，像美国和澳大利亚等长期发展市场经济的国家，拥有成熟的市场交易传统和市场体制运作环境，引入水市场制度变迁成本和运行成本更低一些，水资源的市场化可以有效降低交易成本。从用水的历史传统上看，在文明发展的初期，中国面临着严峻的水涝灾害等自然环境约束，决定了水资源管理和利用方式是一个逐级管理的集中、集体行动的体制，西方国家在文明发展的早期，没有诸多的治水挑战，因而是一个相对分散的管理结构。

根据上述分析，中国农用水权交易倾向于采取集体行动而非"小规模、分散化"农户间交易的原因，本质上是为了节约较高的排他成本，但需要付出较高的内部管理成本，为维系集体水权结构的稳定，必然产生降低管理成本的内在驱动力（见图5.4），边际内部管理成本曲线由MC_B移动到MC_N，交易规模水平由M^*移动至M^N，即移向规模程度更高的新的均衡点，由此决定了集体水权结构具有自我降低内部管理成本的正反馈机制。2022年4月，中国提出"建立全国统一的用水权交易市场"，跨流域、跨省级行政区域的大规模的用水权交易由中国水权交易所统筹完成，其目的就是探索符合中国特色

国情的水权交易新机制。但在流域和地方层面，用水权交易则是借助各地方的公共资源交易平台完成。水资源流动性的特点，更是决定了决策实体的多重性，因而使农用水资源的产权交易呈现多重结构。Challen 等（2000）认为，制度结构是特定环境约束下交易成本最小化的结果。因此，中国发展多样化的水权交易制度，选择多层次的农用水权交易规模和多样化交易模式也是特定环境约束下交易成本最小化的结果。

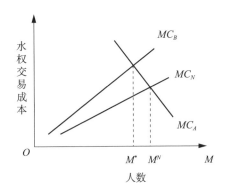

图5.4 农用水权交易行为对集体行动的选择

5.3 农用水权规模化交易模式构建

鉴于中国独有的水文环境、农业结构、小农户生产、农用水计量成本及制度偏好等国情特色，探索"农用水权规模化交易"新机制，一是构建多层次、全国性农用水权规模化交易体系，二是建构农用水权规模化交易的期权交易模式，区别于"一对一"式的现货交易形式，从不同层次推动农用水权交易和农业节水，改善水资源利用和配置效率。

5.3.1 "农户+农民用水协会"交易模式

农民用水协会是最常见的农户参与灌溉管理的形式，是指按照灌溉渠系等水文边界划分区域，由同一区域内的受益农民自愿参与组成的，依法成立的具有法人地位的非营利性的社团组织（顾向一，2011）。农民用水协会一般由居住集中、有一定地缘关系的若干农业用水户和用水小组构成。具体实践中往往是依托村"两委",扩大村"两委"和村集体经济组织在水资源管理方面的权能,村民自愿加入,因此,成员之间相互熟悉和了解。根据现有法律规定与现实状况,农民用水协会作为用水户的代表,主要功能有确立农户用水资格、组织灌溉并对灌溉设施进行维护、参与并协调水权交易等。

(1)"农户+农民用水协会"的规模化交易思路

"农户+农民用水协会"交易模式主要适用于农用水资源计量到村级支渠或计量到农户层面的农用水权。村集体内部的农户根据用水定额、核算发放用水权证等方式完成确权,由于存在众多小规模、分散农户,每个农户持有零星的节余水权,面对高昂的交易成本和几乎忽略不计的水权收益,单个农户没有出售节余水权的激励。借助农民用水协会这一组织将分散在各个农户手中的零星节余水权集中起来,形成一定规模的待出售节余水权,以此降低农用水权转让的平均成本,保障并提高每个农户的节余水权收益,由此提高水权交易的发生概率,实现这类水权转让从无到有的状态,最终产生对农户节水的激励。"农户+农民用水协会"的规模化交易模式可通过对外转让和对内交易两种方式实施。

(2)"农户+农民用水协会"的规模化交易方式及实践

一是农民用水协会代表农户直接与其他用水单位签订水权转让合同,是一种对外流转方式。具体而言,某地区由于采用节水设施或种植结构调整等,某一年内每个农户的灌溉用水均有节余但节余水量较少,单个农户通过市场寻找买方出售节余水权的成本太高,且由于节余水量少导致的水权交易的预期收益低,最终的结果是农户主动放弃出售水权。但农民用水协会可以集合所有农户的节余水权,由此扩大了可用于交易的农用水权的规模,代表农户与水权购买方进行谈判并达成交易。

水权交易的主体是由众多分散的农户转变为代表农户的农民用水协会这一组织,交易的客体则由零星、小规模的节余水量转变为集合、具有一定规模的水权量。相较于原来无组织、分散的农户而言,由于农民用水协会对当

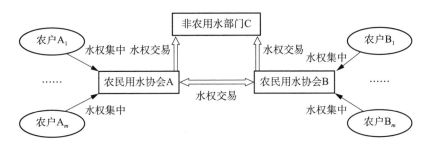

图 5.5　"农户+农民用水协会"的规模化交易方式一

地的供水、需水状况更为了解，掌握更充分的用水信息，其发生的信息搜寻费用、组织费用和时间费用等交易成本更低。"农户+农民用水协会"这一交易模式，在与非农用水部门的大企业进行水权交易谈判时（见图 5.5），农民用水协会信息获取更充分且讨价还价能力较强，更能真实反映和代表农业用水户的利益，能够真正获得、享有应得的水权转让收益，增强农业用水户采取节水以进行水权转让获利的意愿。

二是协调并促成农民用水协会内部农户间剩余水权的交易，是一种成员间内部交易方式（见图 5.6）。由于同一农民用水协会内部的种植结构、灌溉节水条件等差异小，农户间用水量差异不大，因此，发生此类水权交易的动机较低，如果农民用水协会内因土地规模利用等而出现用水大户，农户间的水权交易就具备了发生的条件。目前，农户间水权交易主要发生在甘肃省张掖市、新疆呼图壁县等实施水票制度的地区，以及石羊河灌区为农户颁发用水凭证的地区。灌溉管理部门为农户颁发水权证上登记水量的水票，按照"先购水票，后供水量，配水到斗，结算到户"的原则配水浇地，农户间可以自由交易节余的水票。由于农民用水协会对农户水资源的供需信息获取充分，协调并促成水权交易的成本非常低，"农户+农民用水协会"的交易模式在提高了农用水资源灌溉效率的同时，又实现了水资源向高效用水部门的转移，实现了水资源的重新配置。随着农用水权外部流转交易的发展，对农民用水协会的专业化要求也越来越高。

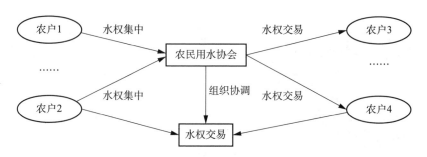

图5.6 "农户+农民用水协会"的规模化交易方式二

5.3.2 "农户+用水大户投资农业节水"交易模式

"用水大户投资农业节水"获取水权是指工业企业等用水大户投资灌溉设施改造及终端界定计量等工程,通过实施管道输水、修建防渗通道,推广喷灌、滴灌、微灌、作物精准灌溉等技术,大幅度提高农业用水效率,再利用节约置换出来的农用水资源,满足其生产用水等需求。

（1）"农户+用水大户投资农业节水"的规模化交易思路

针对某些地区农用水资源仅界定到乡镇支渠层面,属于典型的俱乐部水权形式。对乡镇内部的所有成员而言,均持有用水权证,但实际用水量不能实现计量到户,农户只是象征性地交纳或按照灌溉用电量折算用水量方式交纳少量水费。因此,这类农用水权不具有排他性和竞争性,存在着用水方式粗放、农田灌溉水有效利用系数低的问题,农业节水潜力巨大。与此同时,当地由于经济社会发展迅速,用水量激增,在用水总量目标控制下,工商业部门扩大生产或新上工业项目等严重缺水,这些用水大户有购买用水指标和水权的需求。在此背景下,产生了由工业企业等用水大户投资当地灌区农业节水,以获得节余的农用水权的交易需求。例如,在不改变农业优先用水的惯例限制下,工业企业可出资改善农业灌溉和计量设施,实现农业节水,有效缓解农业、工业和服务业等产业的用水矛盾。"农户+用水大户投资农业"节水的规模化交易模式,现实中有用水大户投资农业节水以"解决自身用水需求"和"出售水权获利"两种处理方式,具体流程见图5.7。

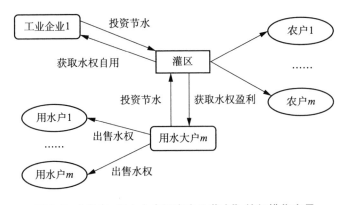

图 5.7 "农户+用水大户投资农业节水"的规模化交易

（2）"农户+用水大户投资农业节水"的规模化交易方式及实践

一是用水大户投资农业节水以"解决自身用水需求"。该交易模式的思路是：工业企业出资在灌区开展节水改造，将灌区输水损失水量节约下来，在不增加区域用水指标前提下，有偿将农用水资源转让给工业等项目，满足其用水需求。对用水总量已达到区域总量控制指标的区域，根据规定，原则上只能通过用水权交易解决新增用水需求。工业企业等用水大户面临用水短缺，无法申请新的用水指标的困境，而当地农用水资源浪费现象严重，水资源短缺与浪费并存的矛盾产生了农用水权向工业企业等用水大户转移的可能。对农用水资源有需求的工业企业等用水大户，在保障粮食安全的前提下，通过为当地农户提供新的灌溉方式，投资灌溉工程及计量设施改造等项目以实现农业节水，使用置换出的农用水资源或购买节约的农用水权，满足自身生产用水需要。目前发生的此类水权交易，多数是从用水效率低的农业灌溉用水向工业企业等非农业用水大户转移。少见农业用水大户，本质上是水资源的"农转非"。

在现实中，内蒙古已出现多个工业企业投资灌区节水改造项目，并将节约下来的农用水资源用于能源、化工等工业部门，满足了当地生产发展的需要。根据"八七分水"方案，分配给内蒙古58.6亿立方米黄河用水指标，其中，用于农业灌溉用水占比为93%，但由于农业节水工程配套欠缺导致灌溉模式低效，农业灌溉水利用系数仅为 0.35。以鄂尔多斯南岸灌区为例，随着当地新型化工、有色金属生产和绿色农畜产品生产加工产业的发展，大量工业项目因为缺少分水指标而难以落地。2001 年，大唐托客发电公司投资 5950 万元用于内蒙古五大灌区农业节水改造工程，190 多万亩农田灌溉方式由漫灌转变为渠系灌溉，置换出 5515 万吨水用于电厂二期工程。2003 年，内蒙古从黄河南岸自流灌区开始，陆续在鄂尔多斯、包头、阿拉善盟等 5 个盟市启动水权转换，农业节水改造工程由依靠国家投资的传统模式向依靠工业企业投资建设的模式转变。至 2021 年，内蒙古的灌溉水利用系数提升至 0.564，从农业向工业总转让水量达 3.23 亿立方米。仅以黄河南岸灌区为例，2003—2021 年，工业企业向灌区投资 24 亿元，灌区引黄耗水量由改造前的 4.1 亿立方米降为 2 亿立方米左右。

在用水大户投资农业节水以"解决自身用水需求"的规模化交易模式中，水权购买方是工业企业等用水大户，供给方则是灌区内所有农户，由地区水管部门、农民用水协会等组织作为代表签订水权转让协议，水权交易的客体是农业节水后的剩余农用水资源。农田水利工程及农业节水设施是典型的公共物品，传统的供给者主要是国家和地方政府，而由工业企业等用水大户投资节水工程改造获取水权的交易方式比计量到户成本低且更有利于节水。既节省了农用水权界定的排他成本，又解决了地方政府水利投资不足的问题，将节余的农用水权转移到用水效率高且缺水的城市以及工业等部门，满足其生产用水的需求，提高了农用水资源的利用效率，实现了水资源在不同行业和空间上的再配置。在黄河南岸灌区节水改造项目中，国家和地方政府投入资金 3.72 亿元，工业企业的投资额为 24 亿元，缓解了当地"工业无水可用、农业大水漫灌"的行业用水矛盾。

二是用水大户投资农业节水以"出售水权获利"。该交易模式的思路与用水大户投资农业节水以"解决自身用水需求"的供给原理一致。农业节水工程投资的主体不一定是工业企业这一用水大户，还可以是水务公司等其他投资主体，采取股份合作、承包土地经营权等形式，投资农田水利和农业节水设施建设，以获取节余农用水权，进而出售获利。这些企业获取水权的目的不是满足自身用水需求，并没有直接消费节余的农用水资源，而是将这部分水权转让给其他缺水企业或部门，投资节水工程是以营利为目的。因此，投资农业节水以"出售水权获利"和"解决自身用水需求"两种方式，在投资目的、对农用水资源的处理方式上存在本质差异。

5.3.3　"农户+地方政府回购"交易模式

农用水权的政府回购是指为激励农户节水或保障其他行业供水，政府、灌区管理机构或政府组建的水权收储机构对分散式节余农用水权的收集、购买与存储，实现对小规模、零星、分散农用水权的集中收储和收购。

（1）"农户+地方政府回购"的规模化交易思路

"农户+农民用水协会"和"农户+用水大户投资农业节水"两种交易模式是"一对一"现货交易，水权出售方是某一用水协会，购买方是固定的某工业企业，由于受到气候和行业用水量变化等不确定性因素影响，水权供给和需求容易在交易时间、空间和数量等方面存在不一致现象。如某一年度内降水量减少，可出售的农用水权节余量达不到购买方的用水短缺数量，就会限制水权转让的发生，需要地方政府、灌区管理机构借助当地水库等水利工程来收储、收购分散的节余水权，并集中保管，发布出售信息给众多买方，并在众多的卖方和买方之间撮合达成交易，实现农用水权的"多对多"交易，有效调节更大空间范围内的用水需求，具体流程见图 5.8。

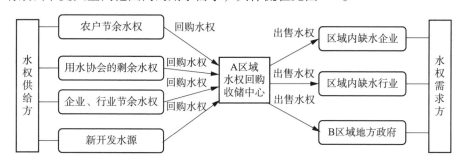

图 5.8　"农户+地方政府回购"的规模化交易

（2）"农户+地方政府回购"的规模化交易方式及实践

目前，内蒙古自治区、河南省、湖南省、山西省等省（自治区）均已成立水权收储转让中心。2013年底，内蒙古自治区水权收储转让中心成立，回购收储各盟市农户的节余水权、用水大户投资节水项目的节余水权，并通过水权交易平台发布出售信息，达成80余项交易，交易水量超过1亿立方米；至2020年，内蒙古自治区总结多年的水权收储、回购和转让经验，探索"出让方地方政府认定和收储闲置水指标、水利厅协调交易方式、交易双方政府签约、国家级交易平台备案、受让方地方政府再配置"的水权交易模式。2018年，湖南省长沙市桐仁桥灌区管理所面向灌区内5个镇共有14个村的农民用水协会集中回购农用水权429.82万立方米，以满足当地16万人的生活用水需求。

在"农户+地方政府回购"的规模化交易模式中，水权收储交易中心是对水资源优化再配置的重要载体，回购收储交易中心一端面对数量众多的水权需求方，另一端联系着多个来源的水权供给方，掌握着更多的水权出售和购买信息，可以在更短时间内以最低的成本达成一项交易，收储交易中心制定了完善的规章制度，有效保障水权交易双方的合法权益。这种交易方式改变了"一对一"的现货交易方式，借助"一对多""多对一""多对多"等多种形式，实现对节余农用水权的优化再配置。

5.3.4 "全国性农用水权匹配"交易模式

全国性农用水权匹配交易是依据国家《水法》《取水许可和水资源费征收管理条例》等相关行政法规，借助中国水权交易所平台，为不同流域、不同省份的水权供给和需求搭建信息匹配平台，以此推动跨流域、跨区域等大规模的水权交易的实施。

（1）"全国性农用水权匹配"的规模化交易思路

上述"农户+农民用水协会""农户+用水大户投资农业节水""农户+地方政府回购"三类规模化交易模式均属于区域性农用水权交易，是一个区域内部的农用水资源从农户、用水协会或灌区转移到其他用水户，是农用水资源在同一流域、同一区域，但在不同的用水主体、行业间的转移。而"全国性农用水权匹配"交易模式则是针对不同流域、不同省域的农用水资源潜在出售方和购买方，在中国水权交易所这一国家级水权交易中心发布农用水权的供给和需求信息，解决由于交易信息不对称、不充分而阻碍交易的问题。具体流程如图5.9所示。当然，由于跨地区、跨流域交易所涉及区域范围广、人数多，对产业发展及水文、生态环境影响更大，交易信息发布时，应严格遵循"四水四定"，把握好市场准入原则，对进入交易的水权、交易标准、交易流程进行全过程监管，交易完成后连续三年对交易地区的生态环境进行全面、系统评估。因此，"全国性农用水权匹配"交易模式是一种全国性、跨区域、跨流域的大规模化水权交易，其交易主体、客体、范围以及交易所产生的影响等均与区域性水权交易模式有较大差别。

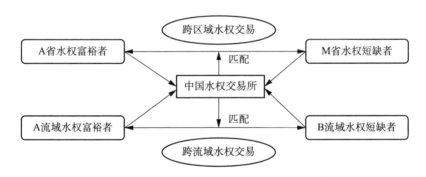

图5.9 "全国性农用水权匹配"的规模化交易

（2）"全国性农用水权匹配"的规模化交易实践

2016年，河北省张家口市友谊水库管理处、张家口市响水堡水库管理处和山西省大同市册田水库管理局作为转让方，与受让方北京市官厅水库管理处签署水权交易协议，按照每立方米0.294元的价格成交5741万立方米水资源量，总价款共计1687.85万元，交易期限为1年，保障了北京地区的供水安全，满足了周边地区的社会经济发展用水需求。永定河上游跨区域水量交易，是在中国水权交易所的调研、座谈及多方协调下，在其搭建的线上交易平台匹配达成的。中国的南水北调中线工程、东线一期工程已经完工并向北方地区调水，是跨流域的水权交易。整个工程完工后可实现调水 450 亿立方米，将解决北方地区的缺水问题，有效缓解水资源短缺对城市化发展的制约，促进当地城市化进程，改善黄淮海地区的生态环境状况。

构建"全国性农用水权匹配"交易模式，中国水权交易所及其线上交易平台为交易量大、影响面广的大规模跨流域和跨省级行政区域的水权转让提供了可能，并为各地方性水权交易平台提供水权交易规则、交易流程、监管等经验指导。

第 6 章

农用水权规模化交易的期权交易模式

农用水权规模化交易的运行模式之一，是第 5 章介绍的构建多层次、全国性农用水权规模化交易体系；农用水权规模化交易运行模式之二，是本部分要研究的农用水权期权交易模式，区别于"一对一"式的现货交易形式，期权交易是一种能够降低水权交易成本的规模化交易形式。农用水权期权交易作为一种创新的水权交易模式，是金融助力绿色发展的新渠道。探究农用水权期权交易的触发条件及驱动因素，推动水期权交易模式应用于实践，也是建设全国统一的农用水权交易市场的重要内容。本部分基于农用水权期权交易触发这一新视角，构建农业用水者、工业用水者、政府管理部门以及金融机构四方演化博弈模型，运用复制动态方程和 Lyapunov 第一法则定性研究各博弈主体策略选择的稳定性及系统中可能存在的稳定均衡点，并利用 Mat-lab2018 仿真分析关键要素对整体系统演化的影响。提高农用水权期权费定价、金融机构降低交易成本、政府管理部门公信力损失风险的增大，以及政府管理部门加大对金融机构经济补贴，会增加农业用水者、工业用水者、政府管理部门以及金融机构参与农用水权期权交易的概率，且 ESS 稳定。通过制定农用水权期权交易相关规章制度并开展试点工作、发挥政府作用调控金融创新服务的补贴力度、创新绿色金融业务模式以降低农用水权期权交易成本、合理定价期权费以改善农业用水者的弱势地位，促进中国农用水权期权交易的现实开展。

6.1 农用水权期权交易的潜力分析

6.1.1 农用水权交易的现状及问题

（1）农用水权交易的现状

目前，中国农用水权交易模式以水票制交易模式和取水权许可证交易模式为主。

①水票制交易模式。水票制交易以甘肃省张掖市、新疆呼图壁县等地区的农业用水者之间的水权交易为代表，按照"先购水票，后供水量，配水到斗，结算到户"的原则配水浇地。一般做法是：第一，颁发水权证。在水权确权的前提下分配水权给农业用水者，其中，水票发挥着联结多方交易主体的功能。在确权过程中，首先要考察灌区水资源的状况、农作物灌溉情况及水利设施状况等，其次要制定水资源配置规划，确定各农业用水者的分配指标，分析流域地区的用水结构等，主要根据农业用水者所需的灌溉面积来进行水量分配，以发放水权证的形式进行农用水权的确权，发放水票。第二，成立农民用水协会，其主要职责是进行水资源管理，负责将水权分配到户，发放出售水票，发展协同参与的新模式，不断激发农民参与意识。第三，允许水权自由流转。农户可自由交易其水票，政府也可回购农户节余的水票。

水票制交易模式虽具有一定的激励作用，提高了水资源的利用效率，但由于交易主体主要是小规模、分散化的农业用水户，管理成本较高，限于小范围农业用水户之间，无法有效形成规模化效应，该交易模式无法实现市场化机制的高效运作。

②取水权许可证交易模式。交易双方根据《水权交易管理暂行办法》，向原取水审批机关提出申请，经批准后，交易双方可通过水权交易平台或者以直接的方式签订取水权交易协议。交易完成后，交易双方须依法办理取水许可证变更等手续。取水权许可证交易有协议转让交易和公开交易两种模式。

中国近年来对水权交易市场进行规范改革，不断推动水权市场化发展，目前，农用水权交易协议转让模式主要是在中国水权交易所进行。首先，买方发起水权交易申请，交易双方通过协商的方式达成交易意向，经水交所的平台账号开展交易。农用水权交易双方提交《水权交易申请书》等材料，交由灌区管理处进行在线审核。交易双方也须提供取水许可证、有管辖权的取水许可审批机关的审批文件等材料，提交给后台系统审核。其次，水交所组织签订交易协议，交易双方完成线上确认与线下支付。受让方还应于规定时间内向水交所平台缴纳保证金。在交易完成后，买卖双方即可获取记录该单交易水量、交易双方信息、交易单价等内容的电子凭证，作为水量交割的依据。按照交易规则执行交易结算、保证金退还等流程。最后，进行交易信息汇总管理。农用水权协议转让交易是线上结合线下的交易模式，使得农用水权交易笔数大大增加，其中典型案例包括甘肃石羊河流域清源灌区灌溉用水户水权交易、山西省绛县槐泉灌区与山西华晋公司的取水权交易等。但线下寻找交易对手的成本仍然较高，且规范性有待进一步增强。

公开交易模式主要依托于中国水权交易所以挂牌方式进行，由于其更具市场性，与协议转让模式相比，其交易运作流程和规定更加复杂。除了农用水权交易双方完成相关资料的申请、提交及相应保证金缴费，通过审核确认，获得交易资格外，水交所还须根据《水权交易申请书》等资料信息在交易所网站进行公告。信息挂牌公告包括交易标的、交易条件、价格等内容，挂牌中止期限一般不超过 30 天。交易定价采取协议定价方式或单向竞价方式进行，农用水权交易主体达成交易后，在水交所签订交易协议，缴纳交易服务费，获得《水权交易鉴证书》，按协议完成结算支付。农用水权公开交易模式典型案例是内蒙古内黄河干流盟市间水权转让试点。由于强大集中性交易平台和规范的交易制度，公开交易模式对农用水权交易市场化具有重大推动作用，也为未来探索金融支持农用水权改革奠定了基础。

（2）农用水权现货交易存在的问题

目前，实施的水票制交易及取水权许可证交易等农用水权交易模式，本质上属于现货交易模式，存在以下几点问题。

一是存在供需和价格风险。受降水等不确定性因素影响，水资源的供给面临着风险，加之产业结构升级引起水资源分配问题，供需风险进一步增强。农业用水者交易群体的弱势地位、缺乏有效的中介，交易流动性不高，以及农用水权现货交易合约的约束力弱等问题，导致风险层层叠加，收益可能性大大降低。此外，由于水价多受政府按照水量进行实时调控，市场性较弱，缺乏规避水价风险的手段。

二是交易成本过高，交易活跃度低。目前，农用水权交易模式由于农户等交易主体的分散性以及在市场上存在一定劣势，造成交易的机会成本、信息搜寻成本、寻租成本的存在，以及水权交易定价的混乱，这些严重阻碍了农用水权交易市场的活力。除此之外，配套水利工程的运行、维护等成本也进一步加重了农用水权交易压力。

三是农用水权现货交易模式有待改进。由于农户每年度节余的零散水权无法存储，导致节余水权难以在最短时间流转出去，农户无法获取由于节水而产生的收益，不能充分调动农户采取措施节水和高效用水的积极性，农业灌溉依然采取漫灌等粗放使用模式，大量农用水资源被浪费。

6.1.2 农用水权期权交易的研究现状

国家"十四五"规划强调，建立水资源刚性约束制度，大力发展绿色金融，加大金融对改善生态环境、资源节约高效利用等的支持力度。为实现2030年水资源开发利用总量的控制目标，针对中国目前水权交易的现状，贺天明等（2021）认为，水权分配不可能是一次性完成的，具有动态性，需要充分发挥金融手段，使水权作为一种战略性、稀缺的有价经济资源，逐步向金融属性过渡，开发各类具有投资价值和流动性的金融衍生工具，如水权期货、水权期权、水权证券等，逐渐发展成为具有交易需求及流动性的金融衍生品，促进水权交易的开展。

水期权是一种用来应对水资源短缺风险的衍生金融工具。期权引入水权交易中，使得水权期权交易的杠杆效应可能会激励更多的农民参与实物和期权水市场。Cui J 和 Schreider S（2009）研究发现，期权市场使他们能够提前对冲不利的水价变动，同时利用有利的水价变动。此外，Hansen 等（2014）认为，随着政策制定者为未来旱情做好抗旱准备，期权市场可能是一个可行的选择。在中国，葛颜祥和胡继连（2004）提出利用期权来配置农用水资源的构想。陈洁和许长新（2006）认为，期权理论与水权交易相结合的水权期权交易模式具有转移风险、价格发现、交易成本低、方便高效等特点。在水期权交易定价研究方面，水期权价格的制定是水期权契约有效实施的关键，水期权契约的定价也成了学者研究的热点。Michelsen 和 Young（1993）利用成本收益原理测算了水期权契约价值，利用金融期权的定价模型对水期权进行定价。Watters（1995）利用 Black-Scholes 公式进行连续时间序列的水期权定价，并利用二叉树定价模型进行离散事件序列的水期权定价。但由于水资源的特殊性，水资源禀赋有差异，区域间农业水利发展不平衡、不协调。Villinski（2003）认为，采用金融期权市场方法可能不适合处理不确定价格演变，可以利用动态规划的方法，估计几何布朗运动和均值回归中价格过程的参数进行定价。Gaydon DS 等（2012）运用现代投资组合理论让灌溉农户选择合适的水权比例进行水期权交易。此外，周进梅和吴凤平（2014）利用二叉树定价模型对农用水期权进行定价。Gao Z 等（2018）研究出非精确的两阶段混合整数规划模型，在水期权购买、水资源分配方案等方面具有重要作用。徐豪和刘钢（2020）在改进了 Black-Scholes 期权定价模型的基础上，结合降雨量的预测结果，进行水期权交易的定价，并证明了其交易价格的合理性。

水期权交易的应用研究。国外主要应用于美国西部半干旱地区、西班牙东南地区及澳大利亚的一些灌区，国内研究主要针对南水北调工程进行。在美国，Michelsen 和 Young（1993）分析了科罗拉多州柯林斯堡市和北堡灌溉公司供水的农民之间签订水期权合同的可能性。在西班牙，类似于期权契约的水权交易模式已出现并应用；Ramos 和 Garrido（2004）强调水期权的期权费是一种溢价，该期权合同提供了一种更具成本效益的替代供水系统。Rey 等

（2016）应用一个随机递归数学规划模型来模拟在西班牙东南部供水不确定的背景下运行的灌区委员会的水采购决策，证明了合同溢价和期权量是对灌区决策有较大影响的变量。中国已有学者对水期权及其交易进行应用性研究。针对南水北调工程进行水期权交易，主要研究学者有王慧敏、王慧、仇蕾等。王慧敏等（2008）引入水期权契约分析期权契约用于南水北调东线受水区流域水资源整体配置的可行性。王慧等（2013）以南水北调东线水市场为例，提出更符合中国水市场的算例分析模型，开创了新研究方向。

通过对水期权相关研究的梳理，研究表明：利用水权期权交易对农用水资源进行再配置，将有利于中国水权交易市场的发展和应用。目前，关于水期权交易的研究主要集中在水期权效用、定价及应用性等方面，研究成果丰富。但在现实的水权交易中，水权期权交易模式未被应用于实践，可能缺乏对水权期权交易的诱发条件的思考。有必要从确定农用水权期权交易的主体、明晰交易客体、构建期权定价模型、搭建期权交易平台、规范期权交易流程等方面来构建农用水权期权交易运作模式，并利用演化博弈模型探究农用水权期权交易的触发机制。因此，本部分将研究农用水权期权的参与主体的群体演化行为，探究水权期权交易的诱发条件及水权期权交易的关键影响因素，为中国农用水权期权交易的开展提供支持。

6.1.3　农用水权期权交易的潜力

农用水权期权具备金融衍生品特性，工业企业通过水权期权交易模式能够实行水资源风险的动态管理，有效对冲风险；同时，对持有剩余用水权的农业用水者形成有效的节水激励，增加获取收益的途径；金融机构也可以发挥中介优势，通过提供中间服务来撮合交易从而收取中介费，或通过投资等方式更加直接参与水权期权交易，形成多重共赢局面。随着传统水权交易模式的改变，农用水权期权交易在活跃中国水权交易市场、增强水权交易动力、降低交易成本，通过市场机制优化水资源配置等方面极具潜力。

第一，化解水资源供需矛盾和水价变动风险。在现实生活中，水资源的供给受到自然因素的影响而导致不确定性风险日益增加，地区人口、经济发展等因素也使得水资源的需求难以预测。水资源的公共属性加之水价改革也使得农用水权交易相关的政策风险不断叠加，在水资源面临短缺风险的大背景下，水价的变动更加复杂。农用水权期权交易能够在对冲水资源供需风险和水价变动风险中发挥优势作用，交易双方可就协商的农用水权期权契约进行交易，根据现货市场的变化在价格区间内合理管理价格波动风险。此外，创新具有不同行权价格或多期限结合的期权产品，丰富交易策略，激发农用水权交易潜力，增加其经济收益的可能性。同时，也提高了风险管理的便捷性，且存在较小的后续保证金管理等问题。

第二，降低交易成本。农用水权现货交易模式运行过程中相配套的水利工程以及存在的信息、时间等方面的成本使得水权交易费用不断增加，但在农用水权期权交易中，面临缺水风险及价格风险的工业用水者在交易前期仅需要给付少量的权利金即可获取水资源使用权，而不必花费资金进行全额买卖，明显降低了资金的占用和成本。可见，农用水权期权买方仅购买了未来水资源的使用权，从而大大节省了建造水利设施的费用。此外，有效的农用水权期权交易平台可使得水权交易主体在信息方面更具公平性，金融中介机构提供金融服务也有利于提高农业用水者的议价能力，改善信息不对称等问题；加之明确的交易规则也能大大降低水权期权买卖双方的时间搜寻成本及谈判费用。总之，农用水权期权交易具有保险性质，可以有效地规避因水权价格波动引起的各类风险，进一步降低交易成本。

第三，价格发现，增强交易流动性。依附于水交所平台，增设农用水权期权交易业务，在经纪人等金融机构的参与下，方便且高效。农用水权期权交易双方通过经纪人等中介在水权期权交易平台进行报价，双方就协商价格进行成交，通过集中公开竞价可实现更成熟的定价方式，体现价格发现的作用，使得价格真实透明、效率高且交易机会多，成交可能性也大大增加。此外，农用水权期权交易的特性也增强了水权交易市场的流动性，使得更易实现交易双方的交易目的。农用水权期权交易模式突破了时空限制，使得水资源的配置得以优化，利用效率不断提高，水资源的内在真实价格逐渐在市场中体现。

第四，期权契约约束性更强，促进农业用水者在合理安排农事生产的基础上，进行水资源节约存储，以便日后进行实物交割，利于缓解无效浪费问题。

6.2　农用水权期权交易运作模式构建

基于中国农用水资源利用效率低、工业企业用水供需及水价变动风险增加，以及绿色金融助力经济发展等现状，构建农用水权规模化交易的期权交易运作模式：农业用水者作为农用水权期权交易主要卖方，工业用水者作为主要买方，二者依托于中国水权交易所及流域级水务机构等平台，在金融机构以场内经纪人及做市商或结算公司的身份与水权交易平台合作，开发期权产品，提供农用水权期权交易的定价、报价及磋商等金融服务的基础上，接受水资源行政管理部门在农用水权交易的前期准备入市、中期交易磋商、后期结算交付三阶段监督管理的一种水权交易模式。

6.2.1　确定农用水权期权交易主体

蒋凡等（2021）指出，可交易水权的主体不仅包括作为水资源所有者的中央及地方政府，也包含各类企业机构、组织（如农村集体经济组织）及个人等水资源需求者。基于中国农用水资源的节余潜力大等现实，要积极发挥期权交易规避风险、突破时空限制等优点，运用金融手段，推动农用水权交易的开展，从而提升水资源的价值，促进绿色发展。其中，参与农用水权期权交易的主体主要包括农业用水者、工业用水者、水资源行政管理部门及金融机构（场内经纪人、做市商及结算公司）等。

（1）农业用水者

农业用水者是农用取水权及使用出售权的合法拥有者，包含区域的农业用水户、用水组织、村集体等。考虑到期权是在原生金融产品的基础上衍化和派生的，具有强金融属性，进行农用水权期权交易需要具备一定的金融知识。经过考量，可将农民用水协会组织作为农业用水者参与农用水权期权交易的代表，也便于解决农业用水者节余水分散的问题，有利于实行规模化交易，促进交易有效开展。

（2）工业用水者

随着经济社会的发展，面临需水量的巨大缺口，工业用水者是农用水权交易的主要购买方。据国家《水法》等相关行政法规可知，只要是对水资源有合法需求的市场主体，均有平等资格成为可交易水权的受让方。在农用水权期权交易中，合法需求的工业用水者具有法律保护的农用水资源受让权利，尤其是在中国华北、西北等地，缺水问题严重制约工业发展，工业用水者可参与农用水权期权交易，获得可使用水权来缓解业务发展面临的需水不足等问题，有效对冲水价变动风险，降低经济成本。

（3）水资源管理部门

水资源管理部门是农用水权期权交易的主要监督者。农用水权期权交易的前期、中期、后期发展阶段的有序进行离不开管理者的宏观调控。其主要职责是：前期阶段，制定农用水权期权交易相关管理制度，有效保障交易公平及相关者利益；中期阶段，农用水权期权交易进行过程中的监督管理和规范改正；后期阶段，对农用水权期权交易进行反馈和评估，对出现及引发的问题进行调整和解决，例如生态破坏、过度利用等，提升农用水权期权交易的效率及可持续发展。

（4）场内经纪人及做市商

场内经纪人及做市商负责撮合买卖双方协商农用水权期权条款进而开展交易。基于现实情况，场内经纪人及做市商主要依附于水交所进行业务开展。场内经纪人辅助交易者完成相关期权交易指令等工作，提供金融服务，获取佣金收入。除了场内经纪人，做市商结合市场供求关系提供买卖双方的报价，发挥金融中介作用，也可以通过开发农用水权期权多样化产品，提高交易的流动性，促进农用水权期权交易市场化发展。

（5）农用水权期权结算公司

鉴于现状，基于水交所的结算系统，通过吸引金融机构注资，成立农用水权期权结算公司，主要职责是进行农用水权期权合约的清算工作，负责到期交割、收取保证金、公布交易数据等。期权结算公司的管理制度有待建立。经分析可知，农用水权期权结算制度包括：登记结算制度，增强法律约束；结算保证金制度，规定农用水权期权交易的结算双方须在结算所内拥有保证金账户，作为结算担保；除此之外，还有风险处理制度等。农用水权期权结算公司的进入能够大大降低期权交易的风险。

6.2.2　明晰农用水权期权交易客体

在农用水权期权交易中，将水权进行交易，其交易的客体是农用水权期权合约。实质还是在满足定额配水条件下的农用节余水的使用权。水权期权按照买者的权利分为看涨期权和看跌期权；按照执行期限可分为欧式期权和美式期权。本书所指农用水权期权为欧式看涨水权期权，农用水权期权合约是标准化的合约，合约要素和条款如下：

（1）要素

①约定的权利。农用水权期权的义务方，即卖方，有义务向农用水权期权的买方出售/买入一定量水，可获得农用水权期权费。农用水权期权的权利方，即买方，有执行农用水权期权买入/卖出一定量水的权利，无义务必须执行，但需支付农用水权期权费。

②标的资产。农用水权期权交易方有买入/卖出满足一定条件的水权的选择权。

③执行数量。农用水权期权交易方有买入/卖出协定的水量的选择权。

④执行价格。农用水权期权交易中约定交易方买入/卖出水权的协议价

格，且具有固定性。

⑤到期日。执行农用水权期权的最后日期。

⑥农用水权期权费。农用水权期权交易方为了获得买卖一定量水的选择权而向农用水权期权卖出方支付的费用。

⑦执行阈值。执行阈值是农用水权期权执行的条件，当可用水量小于执行阈值等条件满足时，可以执行期权，反之则无法执行，且可设计多个执行阈值。

⑧执行次数。执行次数是农用水权期权持有方可以选择在不同时间点执行水期权契约的次数。本书目前仅考虑可执行一次的水权期权。

（2）农用水权期权基本合约条款（见表 6.1）

表 6.1　农用水权期权基本合约条款

合约标的	某流域农用水权欧式期权××号
合约类型	认购期权和认沽期权
合约单位	100 份
合约年限	1 年、5 年、10 年
行权价格	平值合约、实值合约等
行权方式	到期日行权
交割方式	实物交割
到期日	固定到期日，星期×（买方须提前通知是否执行）
行权日	同合约到期日
交收日	行权日次一交易日

6.2.3　构建农用水权期权定价模型

农用水权期权交易的价格包含农用水权期权的价格以及到期日进行实际交割的水权期权的执行价格，其中行权价格主要由农用水权期权交易双方通过预测和评估到期日时的水权交易的现价来协商决定。本书主要针对农用水权期权费进行定价分析。

Madan 和 Milne（1991）对 VG 模型进行了拓展研究，使其具有广泛适应性，并计算出欧式看涨期权的价格。Madan 等（1998）引入刻画偏度的参数，使得期权定价更加符合实际。黄丁伟（2009）经证实得出，资产日收益率 VG 分布呈现厚尾，且是含有大量小跳跃、少量大跳跃的纯粹跳跃过程；VG 过程为连续时间、无限可分的过程等结论。可以看出，用 VG 过程来衡量水价波动的性质具有一定的合理性。

本书参考刘家林（2019）运用方差伽马模型对电力期权定价的研究方法，把方差伽马模型引入农用水权期权的定价方法中，设农业水价 $S(t)$ 服从以下运动过程：

$$\frac{\mathrm{d}S_t}{S_t} = \mu t + Y(t;\ \sigma,\ \varepsilon,\ \delta) \tag{6.1}$$

$S(t)$ 为在 t 时刻的农用水价，μ 是农用水价在单位时间内的平均漂移率，Y 是 VG 过程下的布朗运动，其随机时变是由伽马过程 $\gamma(t;\ 1,\ \varepsilon)$ 来决定的，其中，伽马过程为：

$$Y(t;\ \sigma,\ \varepsilon,\ \delta) = b[\gamma(t;\ 1,\ \varepsilon);\ \delta,\ \sigma] \tag{6.2}$$

其中，$b(t;\ \delta,\ \sigma) = \delta t + \sigma W(t)$ 是以 δ 为漂移率，σ 为方差率的标准布朗运动，$\gamma(t;\ 1,\ \varepsilon)$ 是当均值为 1 时，ε 为方差的伽马过程。此外，单位时间 t 的增量密度函数为：

$$f\gamma(g) = \left(\frac{1}{\varepsilon}\right)^{\frac{t}{\varepsilon}} \frac{g^{\frac{t}{\varepsilon}-1}\exp\left(-\frac{g}{\varepsilon}\right)}{\Gamma\left(\frac{t}{\varepsilon}\right)},\ g>0, \tag{6.3}$$

其中，Γ 是伽马函数，

$$\Gamma(\gamma) = \int_0^\infty x^{\gamma-1}\exp(-x)\mathrm{d}x \tag{6.4}$$

Y 服从伽马分布在给定时变的正态分布，由此可求出其特征函数和密度函数：

$$\Phi_{Y(t)}(\omega) = \left(\frac{1}{1-i\delta\varepsilon\omega+(\sigma^2\varepsilon/2)\omega^2}\right)^{\frac{t}{\varepsilon}} \tag{6.5}$$

$$f_{Y(t)}(Y) = \int_0^\infty \frac{1}{\sigma\sqrt{2\pi g}}\exp\left(-\frac{(Y-\delta g)^2}{2\sigma^2 g}\right)\frac{g^{\frac{t}{\varepsilon}-1}\exp\left(-\frac{g}{\varepsilon}\right)}{\varepsilon^{\frac{t}{\varepsilon}}\Gamma\left(\frac{t}{\varepsilon}\right)}\mathrm{d}g \qquad (6.6)$$

另外，在给定时间间隔 t 和伽马时变 g 下，$Y(t)$ 可表示为以 δg 为均值，$\sigma^2 g$ 为方差的正态分布：

$$Y(t) = \delta g + \sigma\sqrt{g}z \qquad (6.7)$$

其中，z 为与伽马分布独立的标准正态分布。根据公式（6.7）和伽马函数的性质，可得：

$$E[Y(t)] = \delta t \qquad (6.8)$$

$$E[(Y(t)-E[Y(t)])^2] = (\delta^2\delta+\sigma^2)t \qquad (6.9)$$

$$E[(Y(t)-E[Y(t)])^3] = (2\delta^3\varepsilon^2+3\sigma^2\delta\varepsilon)t \qquad (6.10)$$

从上可以看出，δ 和 ε 并不是直接的偏度和峰度参数，而仅仅是在一定程度上反映了二者的参数值。

水价波动服从以下过程：

$$S(t) = S(0)\exp(\mu t + Y(t;\ \sigma_s,\ \varepsilon_s,\ \delta_s)) \qquad (6.11)$$

经过均值调整后，水价波动应该满足：

$$S(t) = S(0)\exp(rt + Y(t;\ \sigma_{RN},\ \varepsilon_{RN},\ \delta_{RN}) + v_{RN}t) \qquad (6.12)$$

其中，

$$v_{RN} = \frac{1}{\varepsilon_{RN}}\ln(1-\delta_{RN}\varepsilon_{RN}-\sigma_{RN}^2\varepsilon_{RN}/2) \qquad (6.13)$$

令 $z=\ln[S(t)/S(0)]$，在确定的 g 下，z 是正态分布，且均值为：

$$\mu t + \frac{t}{\varepsilon}\ln\left(1-\delta\varepsilon-\frac{\sigma^2\varepsilon}{2}\right) + \delta g \qquad (6.14)$$

可得 $h(z)$ 的条件密度函数为：

$$h(z\,|\,g) = \frac{1}{\sigma\sqrt{2\pi g}}e^{\left(-\frac{1}{2\sigma^2 g}\left(z-\mu t-\frac{t}{\varepsilon}\ln\left(1-\delta\varepsilon-\frac{\sigma^2\varepsilon}{2}\right)-\delta g\right)^2\right)} \qquad (6.15)$$

再由伽马分布的密度函数可计算出 $h(z)$ 的密度函数：

$$h(z) = \int_0^\infty \frac{\exp\left(-\frac{1}{2\sigma^2 g}\left(z - \mu t - \frac{t}{\varepsilon}\ln\left(1 - \delta\varepsilon - \frac{\sigma^2\varepsilon}{2}\right) - \delta g^2\right)^2\right)}{\sigma\sqrt{2\pi g}} \cdot \frac{g^{\frac{t}{\varepsilon}-1}\exp\left(\frac{-g}{\varepsilon}\right)}{\varepsilon^{\frac{t}{\varepsilon}}\Gamma\left(\frac{t}{v}\right)} dg$$

$$(6.16)$$

由 Gradshetyn 和 Ryzhik 研究的此积分解为：

$$h(z) = \frac{2\exp\left(\frac{\delta\chi}{\sigma^2}\right)}{\varepsilon^{\frac{t}{\varepsilon}}\sigma\sqrt{2\pi}\,\Gamma\left(\frac{t}{\varepsilon}\right)}\left(\frac{\chi^2}{\frac{2\sigma^2}{\varepsilon}+\delta^2}\right) \cdot K_{\frac{t}{\varepsilon}-\frac{1}{2}}\left(\frac{1}{\sigma^2}\right)\sqrt{\chi^2\left(\frac{2\sigma^2}{\varepsilon}+\delta^2\right)} \quad (6.17)$$

其中，K 是修正的第二类 Bessel 函数，且：

$$\chi = z - \mu t - \frac{t}{\varepsilon}\ln\left(1 - \delta\varepsilon - \frac{\sigma^2\varepsilon}{2}\right) \qquad (6.18)$$

故期限为 t，执行价为 K 的欧式农用水权看涨期权 $F = C(S(0); K, t)$ 的价格为：

$$F = C(S(0); K, t) = e^{-rt}E[\max(S(t)-K, 0)] \qquad (6.19)$$

根据 Madan、Carr 与 Chang 的解，该农用水权期权的价格为：

$$F = C(S(0); K, t)$$
$$= S(0)\Theta\left(d\sqrt{\frac{1-c_1}{\varepsilon}}, (\alpha+s)\sqrt{\frac{\varepsilon}{1-c_1}}, \frac{t}{\varepsilon}\right) - \qquad (6.20)$$
$$K\exp(-rt)\Theta\left(d\sqrt{\frac{1-c_1}{\varepsilon}}, \alpha s\sqrt{\frac{\varepsilon}{1-c_2}}, \frac{t}{\varepsilon}\right)$$

其中，$\Theta(\cdot)$ 为修正的第二类 Bessel 函数，且：

$$d = \frac{1}{s}\left[\ln\left(\frac{S(0)}{K}\right) + rt + \frac{t}{\varepsilon}\ln\left(\frac{1-c_1}{1-c_2}\right)\right] \qquad (6.21)$$

$$c_1 = \frac{\varepsilon(\alpha+s)^2}{2}, \quad c_2 = \frac{\varepsilon\alpha^2}{2} \qquad (6.22)$$

$$s = \frac{\sigma}{\sqrt{1+\left(\frac{\delta}{\sigma}\right)^2\frac{\varepsilon}{2}}} \qquad (6.23)$$

$$\alpha = -\frac{\delta}{\sigma^2}s \tag{6.24}$$

可知，农用水权期权的期权费 F 主要由初始水价 $S(0)$、有效期 t、无风险收益率 r、水价波动率 σ、漂移率 δ、方差伽马过程的方差率 ε 等决定。因此，只要找到合理的值，就可以计算出欧式看涨农用水权期权的价格。

6.2.4　搭建农用水权期权交易平台

交易平台是公开透明的交易场所，平台场内交易的好处是买卖双方进行集中交易，增加了交易的机会，提高了市场效率，也更安全。根据中国国情优势，本书建议以中国水权交易所为主，建立一个全国综合性的农用水权期权交易平台；且下设流域级水权期权交易中心的二级复合交易平台，每个流域建立一个农用水权期权交易分平台（黄河流域及长江—珠江流域两个分平台试点），可由水权收储转让中心、水资源相关行政主管部门组织执行，以电子化方式开展农用水权期权交易。在现有水权交易系统基础上，水权交易所通过与金融机构合作，加大金融科技研发投入，提升网络端及应用端服务，开发可以依托交易系统实现信息发布、交易申请、交易匹配、资金结算、水量交割等交易环节全流程线上操作，形成初期的农用水权期权交易平台。

农用水权期权交易平台的职责：流域级平台进行流域统筹，主要负责初级审核、向上级提交备案；要求出具取水许可证，核查农用水权期权交易主体的资格及农用水权期权合同；协助进行取水权许可证的变更等。国家级水交所提供农用水权期权交易场所，并及时公开发布农用水权期权交易挂牌信息，规范农用水权期权交易的相关业务流程、明晰交易规则，充分发挥监督管理职能；维护交易主体合法权益；统筹协调交易相关部门活动。

6.2.5　农用水权期权交易运作流程

本书以"总量控制—水量分配—农用水权确认—农用水权期权入市、撮合成交—农用水权期权结算—行权与履约—交割—水市场监管"为主线，构建农用水权期权交易流程。将农用水权交易分为前期准备入市、中期磋商以及后期结算交付三个阶段，如图 6.1 所示。具体运作流程如下：

（1）前期准备入市

农用水权期权出售方在节水评估预测（待出售水权量）的基础上，向本流域水权期权交易中心（水利局等）提交转让材料，包括身份信息、取水许可证信息、位置、水量、水质等，进行登记、审核、备案，其中农业用水户可以农民用水协会为单位，集合水量进行规模化交易，提高交易机会，节约交易成本。农用水权期权受让方在进行需求预测的基础上，向本流域水权期权交易中心提出购买水权的申请，并接受审核。本流域水权期权交易中心向中国水权交易所进行备案、汇报，接受监督评估。中国水权交易所依据提供的信息进行二次审核，并在国家级交易平台进行公告。

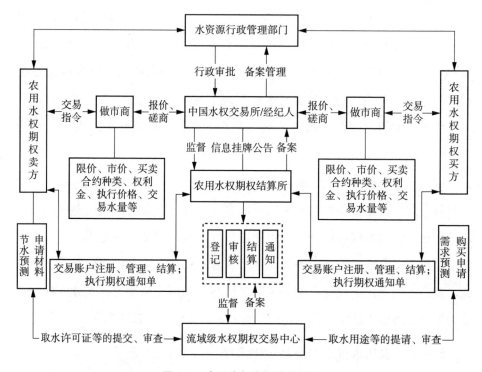

图 6.1 农用水权期权交易流程

（2）中期磋商

首先，农用水权期权买卖双方在中国水权交易所进行信息注册，且需在农用水权期权结算所设立交易资金账户，并履行其他交易管理规定。其次，联系相关经纪人等金融机构，采取线下协商、线上交易的方式，农用水权期权交易买卖双方根据自己的需要以及水权期权市场上的信息，通过做市商等交易中介，下达相关指令。通过限价、市价开展磋商，进行农用水权期权合约的签订，确定买卖合约种类、权利金、执行价格、交易水量等。其中，做市商发挥金融职能，根据买卖双方信息，撮合交易双方进行期权合约细节协商制定。依据受让双方意向进行匹配，根据不同情况，区别采取协议定价或单向竞价等方式，达成一致期权价格，开展农用水权期权买卖。

（3）后期结算交付

在农用水权期权交易进入结算交付阶段时，卖方须在农用水权期权约定到期日前的两个月内以书面方式告知期权买方是否执行农用水权期权合约；于到期日，农用水权期权交易双方根据契约合同进行相应水权及水资源的交割结算，受让方有权决定是否买入水权，如若执行水权期权契约，中国水权交易中心需要进行审核，并上报部门备案，最后进行配水指标变更。其中，农用水权期权结算公司进行相应的资金清算和核查等工作。

整个流程中，水资源行政管理部门进行监督管理和宏观调控；事后开展交易试点评估总结等工作，并对农业用水者及相关金融机构进行一定的税收优惠及补贴减免等经济激励。

6.3 农用水权期权交易的触发机制及仿真

"触发"指因触动而激起的某种反应，或是通过较弱的推动手段激起某种变化。当超越阈值时，因打破原有均衡而发生改变。这种改变是由多重因素相互影响而形成的一种均衡状态，并能够保持不变。具体来讲，目前农用水权交易主要以现货零散方式进行，需要打破阈值，从原始状态突破转变，触发开展农用水权期权交易模式。农用水权期权交易过程是主体通过不断学习并成长的动态调整。此外，触发点是触发的动因和关键点，是触发阈值中多种因素。农用水权期权交易触发动因是促进各交易主体参与农用水权期权交易的起点，来自影响农用水权期权交易主体参与的因素。触发策略主要是指博弈人在开始时选择合作策略，在后续博弈中，如果对方同意合作则继续合作，而一旦对方背叛，则永不合作，触发策略对博弈中的合作及均衡稳定效率提高具有重要作用。"机制"一词主要是指内部组织各要素间的结构关系以及运行方式。因此，"触发机制"主要是指触发动因达到一定的触发条件或触发阈值，而引起有机体的构造及发生功能、相互关系变化的一种机制。

根据中国的国情及水权交易的特点，将水期权界定为水权期权，农用水权期权是一种能在某一确定时间以某一确定的价格购买或者出售一定量农用水权的权利。农用水权期权交易是买卖双方在水权市场买卖农用水权期权的一种行为。农用水权期权的参与主体有农业用水者、工业用水者、政府管理部门以及金融机构，基于此，农用水权期权交易的触发机制主要是在触发动因因素分析的基础上，运用四方演化博弈的方法，对可能参与农用水权期权交易的各主体进行策略触发分析及策略组合触发的稳定性研究，其中包含研究各主体从农用水权现货交易到期权交易模式改变的触发动因、触发阈值及各因素的相互影响和运作方式。最终演化稳定策略（ESS）为农用水权期权交易时，即认为农用水权期权交易得到触发。

6.3.1 农用水权期权交易的触发动因

农用水权期权交易的触发，离不开各主体的主动参与。除了农用水权期权交易的买卖双方外，政府管理部门和金融机构对农用水权期权交易的触发同样发挥着重要作用（见图6.2）。其中，农用水权期权交易触发动因是促进各交易主体参与农用水权期权交易的起点，也是重大突破点，来自

影响农用水权期权交易主体参与的因素。基于各主体成本收益权衡，影响
农用水权期权交易各主体的因素，主要包括外部和内部驱动力。外部环境
驱动力方面，主要是政策扶持节水优惠驱动，更大效率挖掘农业节水潜力，
鼓励节水社会风尚；内部价值驱动力方面，相比农用水权现货交易的高交
易风险及成本，期权交易方式使农业用水者获取节水经济收益的概率增加，
工业用水者的用水成本降低，金融机构扩展了增加经济收入的机会和途径，
对政府管理部门而言，整体社会节水福利的增加，提升了其管理效率和社
会公信力水平。

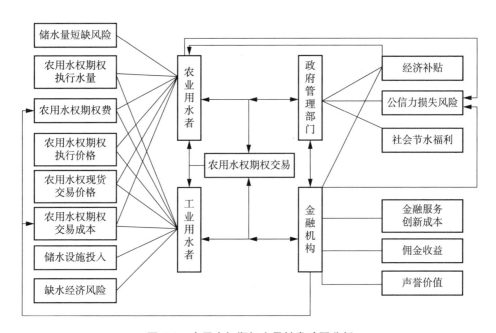

图 6.2　农用水权期权交易触发动因分析

6.3.2　农用水权期权交易的触发机制演化博弈分析

　　演化博弈模型可分析从个体行为到群体行为的演化机制及所涵盖的各
因素，能够真实体现行为主体的复杂性及其最终的演化稳定结果，为宏观
政策调控提供理论参考。演化稳定策略（ESS）最早由 Maynard Smith 和
Price 提出。主要内容是：随着博弈阶段不断地发展，当博弈群体中绝大部

分的个体行为都倾向于选择某一相同的特定策略，即占博弈群体绝大多数的个体选择了稳定策略时，有小部分的突变个体即使选择了其他新策略，通过与原收益的权衡对比，也会因此策略的收益小而放弃，此时博弈群体的均衡状态无法被打破，处于一种稳定状态，这种特定的策略即为演化稳定策略。

演化博弈的方法能够有效研究群体行为的演变及内在的动态调整机制，最后形成群体最优策略。通过对主体策略及组合策略的稳定性分析，能够更好地解释个体行为规律，进而分析形成最优策略的驱动因素。以农业用水者作为农用水权期权交易的卖方，工业用水者为买方，政府管理部门及金融机构作为其余两个参与主体，运用四方演化博弈的方法研究农用水权期权交易的触发机制，假设当最终演化稳定策略（ESS）为农用水权期权交易时，即认为农用水权期权交易得到触发。

（1）四方演化博弈模型假设

为构建博弈模型，分析农用水权期权交易的各方策略和均衡点的稳定性以及各要素的影响关系，做出如下假设：

假设 1：各参与博弈的主体是有限理性且信息是有限的，自身认知能力及所掌握的信息影响着博弈参与者最优决策的选择。选择农业用水者、工业用水者、政府管理部门以及金融机构（做市商，经纪商及清算机构等）作为博弈主体。农户用水者策略空间 $X=(X_1, X_2)=$（农用水权期权交易，农用水权现货交易），其以 x 的概率进行农用水权期权交易，以 $1-x$ 的概率进行农用水权现货交易；交易的另一方，工业用水者的策略空间 $Y=(Y_1, Y_2)=$（农用水权期权交易，农用水权现货交易），其以 y 的概率进行农用水权期权交易，以 $1-y$ 的概率进行农用水权现货交易。在农用水权期权交易中，水资源行政管理部门以及金融机构管理部门统称为政府管理部门，政府管理部门策略空间 $G=(G_1, G_2)=$（激励，不激励），其以 g 的概率对农用水权期权交易主体进行激励，以 $1-g$ 的概率对农用水权期权交易主体不进行激励；金融机构的策略空间 $E=(E_1, E_2)=$（参与，不参与），其以 e 的概率创新金融服务，参与农用水权期权交易；以 $1-e$ 的概率不创新金融服务，不参与农用水权期权交易；x，y，g，$e \in [0, 1]$。在整个社会群体中，每个概率可表示为该博弈的整个群体选择某策略的比例。各主体均为风险中性，在参与农用水权期权交易时会权衡所获得利益与所付出的成本，尽可能地追求利益最大化。

假设 2：农业用水者参加农用水权期权交易时的收益函数为 $F+(K-S)Q\alpha$，其中 F 为农用水权期权价格；K 为农用水权期权的执行价格；Q 为农用水权期权的执行水量；S 为农用水权现货交易的价格。农用水权买方于期权到期日是否执行期权 $\alpha \in \{0, 1\}$，且农业用水者相对于工业用水者处于弱势地位，政府激励期权交易的顺利开展，农业用水者获得相关政府管理部门的补贴为 m，在金融中介机构参与撮合下，农业用水者进行期权交易等付出的信息搜寻及时间成本为 c_1，未有金融中介机构参与撮合下相关成本为 c_2。农业用水者参与农用水权现货交易时，收益为 $S \times Q$，进行交易的信息搜寻成本、时间成本为 θ，其中 $\theta > c_1 > c_2$。此外，参加现货交易可能面临因储水量不够造成机会成本，经济损失以及声誉损失等为 π（$\pi \geq 0$），在双方都采用现货交易时，农业用水者的收入为 Φ。

假设 3：工业用水者参加农用水权期权交易时的收益函数为 $(K-S)Q\alpha$，获得水期权买权的期权费 F，在金融中介机构参与撮合下，工业用水者进行期权交易等付出的信息搜寻及时间成本为 c_1，未有金融中介机构参与撮合下相关成本为 c_2。在农业用水者参与水期权交易时，工业用水者未参与水期权交易，选择水权现货交易的收益为选择期权交易成本；在双方都采用现货交易时，工业用水者的收入为 Ψ。此外，工业用水者在选择现货交易时，因需要提前储水，以备不时之需，储水设施的投入为 d，进行交易的信息搜寻成本、时间成本为 θ，可能面临的缺水引起的经济损失为 φ，缺水的风险系数为 β，$\beta \in [0, 1]$。

假设 4："政府"泛指各级政府以及与农用水权相关的水资源管理部门、行政监管部门群体，不是单指一个政府，且梁喜等（2021）指出，通过咨询专家、参考权威学者研究，"政府"可以作为演化博弈群体的主体。政府管理部门参与农用水权交易，提升水资源利用效率，获得节水社会福利，代表政府的收益，农用水权期权买卖双方参与期权交易时，政府收获的节水正效益为 h_1，农用水权期权买卖双方参与现货交易时，政府收获的节水正效益为 h_2，$h_1 > h_2$。政府管理部门的激励包含对农业用水者的补贴 m，还有对金融机构参与农用水权期权交易的补贴 n。此外，在农业用水者以及金融机构参与农用水权期权交易付出成本时，政府未激励，将降低执政公信力，引起政府公信力损失 L，不利于政务管理和服务。

假设5：金融机构参与农用水权期权交易，提供金融服务，水权期权撮合成功，可获得收益为 u_1，包括取得的中介费收入，提高市场份额、提升竞争能力以及声誉价值等间接收益；未撮合成功的收益为 u_2。与此同时，金融机构参与农用水权期权交易时，需充分严谨地研究，需要投入更多的研究人员和时间、更专业的仪器设备等研究成本 v；金融机构的加入提供了专业的金融服务，获得政府经济补贴 n。

（2）四方演化博弈模型构建

根据以上假设，构建农用水权期权交易多主体博弈模型，四方博弈主体间的理论逻辑关系见图 6.3，农用水权期权交易四方博弈支付矩阵如表 6.2 所示。

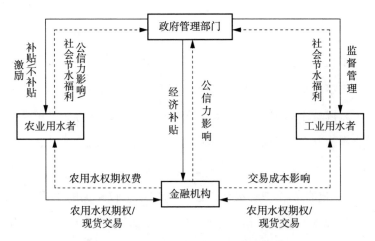

图6.3 农用水权期权交易多主体博弈模型

表 6.2　农用水权期权交易四方博弈支付矩阵

策略选择	工业用水者	政府管理部门			
		激励 g		不激励 $1-g$	
		金融机构参与 e	金融机构不参与 $1-e$	金融机构参与 e	金融机构不参与 $1-e$
农业用水者 农用水权期权交易 x	农用水权期权交易 y	$F+(K-S)Q\alpha+m-c_1,$ $(K-S)Q\alpha-F-c_1,$ $h_1-m-n,$ u_1+n-v	$F+(K-S)Q\alpha+m-c_2,$ $(K-S)Q\alpha-F-c_2,$ $h_1-m,$ $v-u_1-n$	$F+(K-S)Q\alpha-c_1,$ $(K-S)Q\alpha-F-c_1,$ $m+n-h_1-L,$ u_1-v	$F+(K-S)Q\alpha+m-c_2,$ $(K-S)Q\alpha-F-c_2,$ $m-h_1-L,$ $v-u_1$
	农用水权现货交易 $1-y$	$F+(K-S)Q\alpha+m-c_1,$ $F+c_1-d-\theta-\phi\beta,$ $-m-n,$ u_2+n-v	$F+(K-S)Q\alpha+m-c_2,$ $F+c_2-d-\theta-\phi\beta,$ $-m,$ $v-u_2-n$	$F+(K-S)Q\alpha+m-c_1,$ $F+c_1-d-\theta-\phi\beta,$ $m+n-h_2-L,$ u_2-v	$F+(K-S)Q\alpha+m-c_2,$ $F+c_2-d-\theta-\phi\beta,$ $m-h_2-L,$ $v-u_2$
农用水权现货交易 $1-x$	农用水权期权交易 y	$SQ-\theta-\pi,$ $(K-S)Q\alpha-F-c_1,$ $-n,$ u_2+n-v	$SQ-\theta-\pi,$ $(K-S)Q\alpha-F-c_2,$ $0,$ $v-u_2-n$	$SQ-\theta-\pi,$ $(K-S)Q\alpha-F-c_1,$ $n-h_2-L,$ u_2-v	$SQ-\theta-\pi,$ $(K-S)Q\alpha-F-c_2,$ $-h_2,$ $v-u_2$
	农用水权现货交易 $1-y$	$\varPhi-\theta-\pi,$ $\varPsi-d-\theta-\phi\beta,$ $h_2-n,$ u_2+n-v	$\varPhi-\theta-\pi,$ $\varPsi-d-\theta-\phi\beta,$ $h_2,$ $v-u_2-n$	$\varPhi-\theta-\pi,$ $\varPsi-d-\theta-\phi\beta,$ $n-h_2-L,$ u_2-v	$\varPhi-\theta-\pi,$ $\varPsi-d-\theta-\phi\beta,$ $-h_2,$ $v-u_2$

（3）博弈主体策略触发分析

①农业用水者的触发分析。农业用水者选择参与农用水权期权交易或现货交易的期望收益、交易策略的复制动态方程及一阶导数如下：

$$
\begin{cases}
U_x = F+(K-S)Q\alpha-w-c_2-e(c_1-c_2)+gm \\
U_{1-x} = SQ-w-\theta-\pi+(1-y)(\varPhi-SQ)
\end{cases}
\tag{6.25}
$$

$$
\overline{U_x} = xU_x+(1-x)U_{1-x}
\tag{6.26}
$$

$$F(x) = dx/dt = x(U_x - \overline{U_x}) = x(1-x) \begin{bmatrix} F+(K-S)Q\alpha-c_2-e(c_1-c_2)+gm- \\ SQ+\theta+\pi-(1-y)(\varPhi-SQ) \end{bmatrix}$$

(6.27)

$$F'(x) = (1-2x)[F+(K-S)Q\alpha-c_2-e(c_1-c_2)+gm-SQ+\theta+\pi-(1-y)(\varPhi-SQ)]$$

(6.28)

由微分方程稳定性定理可知，农业用水者选择参与农用水权期权交易处于稳定状态必须满足：$F(x) = 0$ 且 $F'(x) < 0$。

命题 1　当 $e > e^*$ 时，农业用水者的稳定策略是参加农用水权期权交易；当 $e < e^*$ 时，稳定策略是参加农用水权现货交易；当 $e = e^*$ 时，无法确定稳定策略。其中，阈值为 $e^* = [F+(K-S)Q\alpha-c_2+gm-SQ+\theta+\pi-(1-y)(\varPhi-SQ)]/(c_1-c_2)$。

证明：令 $N(e) = F+(K-S)Q\alpha-c_2-e(c_1-c_2)+gm-SQ+\theta+\pi-(1-y)(\varPhi-SQ)$，$\partial N(e)/\partial e > 0$，因此 $N(e)$ 关于 e 是增函数。当 $e > e^*$ 时，$N(e) > 0$，$F(x)|_{x=1} = 0$，且 $F'(x)|_{x=1} < 0$，则 $x = 1$ 具备稳定性。当 $e < e^*$ 时，$N(e) < 0$，$F(x)|_{x=0} = 0$，且 $F'(x)|_{x=0} < 0$，则 $x = 0$ 具备稳定性。当 $e = e^*$ 时，$N(e) = 0$，$F(x) = 0$ 且 $F'(x) = 0$，则 $x \in [0, 1]$ 均处于稳定状态，无法确定主体稳定性策略。

根据命题 1，农业用水者参与农用水权交易策略选择的相位如图 6.4 所示。

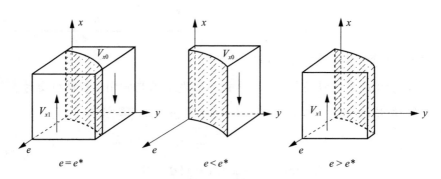

图 6.4　农业用水者策略选择的相位

图 6.4 中，V_{x1} 部分的体积代表农业用水者参加农用水权期权交易的概率，对应地，V_{x0} 部分的体积代表农业用水者参加农用水权现货交易的概率。经计算可得：

$$V_{x0} = \int_0^1 \int_0^1 \left[F + (K-S)Q\alpha - c_2 + gm - SQ + \theta + \pi - (1-y)(\Phi - SQ) \right] /$$

$$(c_1 - c_2) \, \mathrm{d}y \mathrm{d}x$$

$$= \left[F + (K-S)Q\alpha - c_2 + gm - SQ + \theta + \pi - \frac{1}{2}(\Phi - SQ) \right] / (c_1 - c_2)$$

$$(6.29)$$

$$V_{x1} = 1 - V_{x0} = 1 - \left[F + (K-S)Q\alpha - c_2 + gm - SQ + \theta + \pi - \frac{1}{2}(\Phi - SQ) \right] / (c_1 - c_2)$$

$$(6.30)$$

命题 1 表明：金融机构参与农用水权期权交易策略的概率达到阈值 e^*，农业用水者的稳定策略为参加农用水权期权交易。

推论 1：金融机构参与农用水权期权交易，能够提升农业用水者在期权交易中的议价能力，通过农用水权期权费的合理划定，触发农业用水者参与农用水权期权交易。

推论 1 表明：金融机构创新金融业务，促进买卖双方协商农用水权期权合约，撮合交易；发挥中介作用，降低交易中的信息不对称；同时，通过农用水权期权费的合理定价，提升农业用水者在农用水权期权交易中的议价能力，改善其在市场中的弱势地位。此时，农业用水者参与农用水权期权交易的概率大大提升。反之，若金融机构不创新金融业务，参与农用水权期权交易的概率会降低，农业用水者更倾向于参与农用水权现货交易。

②工业用水者的触发分析。工业用水者选择参与农用水权期权交易或现货交易的期望收益、选择交易的复制动态方程和一阶导数如下：

$$\begin{cases} U_y = (K-S)Q\alpha - F - c_2 - e(c_1 - c_2) \\ U_{1-y} = x(F + c_2 - \Psi) + xe(c_1 - c_2) + (\Psi - d - \theta - \phi\beta) \end{cases} \quad (6.31)$$

$$\overline{U}_y = yU_y + (1-y)U_{1-y} \tag{6.32}$$

$$F(y) = \mathrm{d}y/\mathrm{d}t = y(U_y - \overline{U}_y) = y(1-y)\begin{bmatrix} (K-S)Q\alpha - F - c_2 - (1-x)e(c_1-c_2) - \\ x(F+c_2-\Psi) - (\Psi-d-\theta-\phi\beta) \end{bmatrix}$$
$$\tag{6.33}$$

$$F'(y) = (1-2y)\left[(K-S)Q\alpha - F - c_2 - (1+x)e(c_1-c_2) - x(F+c_2-\Psi) - (\Psi-d-\theta-\phi\beta)\right]$$
$$\tag{6.34}$$

由微分方程稳定性定理可知，工业用水者的策略选择为稳定状态时，须满足 $F(y)=0$ 且 $F'(y)<0$。

命题 2　当 $e>e^{**}$ 时，工业用水者的稳定策略是选择农用水权期权交易；当 $e<e^{**}$ 时，其稳定策略是选择参与现货交易；当 $e=e^{**}$ 时，则无法确定。其中，阈值 $e^{**}=-[(K-S)Q\alpha-F-c_2-x(F+c_2-\Psi)-(\Psi-d-\theta-\phi\beta)]/[(1+x)(c_1-c_2)]$。

证明：令 $H(e)=(K-S)Q\alpha-F-c_2-(1+x)e(c_1-c_2)-x(F+c_2-\Psi)-(\Psi-d-\theta-\phi\beta)$，$\partial H(e)/\partial e=-(1+x)(c_1-c_2)>0$，因此 $H(e)$ 关于 e 是增函数。当 $e>e^{**}$ 时，$H(e)>0$，$F(y)|_{y=1}=0$ 且 $F'(y)|_{y=1}<0$，则 $y=1$ 具备稳定性。当 $e<e^{**}$ 时，$H(e)<0$，$F(y)|_{y=0}=0$ 且 $F'(y)|_{y=0}<0$，则 $y=0$ 具备稳定性，当 $e=e^{**}$ 时，$H(e)=0$，$F(y)=0$，且 $F'(y)=0$，则 $y\in[0,1]$ 均处于稳定状态，无法确定主体稳定性策略。

根据命题 2，工业用水者参与农用水权交易策略选择的相位如图 6.5 所示。

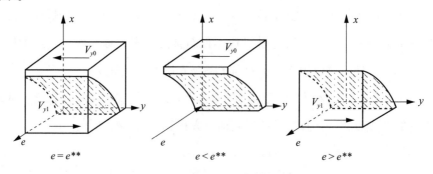

图 6.5　工业用水者策略选择的相位

图 6.5 中，V_{y1} 部分的体积代表工业用水者参加农用水权期权交易的概率，对应地，V_{y0} 部分的体积代表工业用水者参加农用水权现货交易的概率。由图 6.5 可知，切面过点 $(E, 0, 0)$，其中 $E = [(K-S)Q\alpha - F - c_2 - (\Psi - d - \theta - \phi\beta)] / (c_1 - c_2)$，则经计算可得：

$$V_{y0} = \int_0^1 \int_0^E \frac{(K-S)Q\alpha - F - c_2 - x(F + c_2 - \Psi) - (\Psi - d - \theta - \phi\beta)}{(1+x)(c_1 - c_2)} \mathrm{d}e\mathrm{d}y$$

$$= [(K-S)Q\alpha - F - c_2 - x(F + c_2 - \Psi) - (\Psi - d - \theta - \phi\beta)] \cdot$$

$$[(K-S)Q\alpha - F - c_2 - (\Psi - d - \theta - \phi\beta)] / (1+x)(c_1 - c_2)^2$$

$$(6.35)$$

$$V_{y1} = 1 - V_{y0} = 1 - [(K-S)Q\alpha - F - c_2 - x(F + c_2 - \Psi) - (\Psi - d - \theta - \phi\beta)] \cdot$$

$$[(K-S)Q\alpha - F - c_2 - (\Psi - d - \theta - \phi\beta)] / (1+x)(c_1 - c_2)^2$$

$$(6.36)$$

命题 2 表明：金融机构参与农用水权期权交易策略的概率达到阈值 e^{**}，工业用水者的稳定策略为参加农用水权期权交易。

推论 2：金融机构参与农用水权期权交易，通过降低农用水权期权交易成本，触发工业用水者参与农用水权期权交易。

推论 2 表明：金融机构参与农用水权期权交易，通过有效降低水权期权交易成本，对工业用水者选择农用水权期权交易策略有重要影响。随着金融机构参与所带来交易成本的降低，即 c_1 越小，工业用水者的稳定策略为参加农用水权期权交易。可见，工业用水者参与农用水权期权交易的主要影响因素是交易成本。

③政府管理部门的触发分析。政府管理部门采取激励或者不激励的管理策略的期望收益、复制动态方程及一阶导数如下：

$$\begin{cases} U_g = x(yh_1 - m) + (1-x)(1-y)h_2 - en \\ U_{1-g} = y(h_2 - h_1)(x + e - xe) - x[(m+L) + h_2] - e[(1-x)L - 2xm - n] \end{cases} \quad (6.37)$$

$$\overline{U_g} = gU_g + (1-g)U_{1-g} \quad (6.38)$$

$$F(g)=\mathrm{d}g/\mathrm{d}t=g(1-g)\big[xy(h_1+h_2)+x(1-e)L+e(L-2n-2m)+(1-y)h_2\big]$$

$$(6.39)$$

$$F'(g)=(1-2g)\big[xy(h_1+h_2)+x(1-e)L+e(L-2n-2m)+(1-y)h_2\big]\quad(6.40)$$

由微分方程稳定性定理可知，政府管理部门选择激励农用水权期权交易处于稳定状态须满足：$F(g)=0$，且 $F'(g)<0$。

命题3 当 $x>x^*$ 时，政府管理部门的稳定性策略为激励；当 $x<x^*$ 时，政府管理部门的稳定性策略为不激励；当 $x=x^*$ 时，则无法确定其策略选择。其中，阈值 $x^*=\dfrac{e(L-2n-2m)+(1-y)h_2}{y(h_1+h_2)+(1-e)L}$。

证明：令 $G(x)=xy(h_1+h_2)+x(1-e)L+e(L-2n-2m)+(1-y)h_2$，$\partial G(x)/\partial x>0$，因此，$G(x)$ 关于 x 是增函数。当 $x>x^*$ 时，$G(x)>0$，$F(g)\mid_{g=1}=0$，且 $F'(g)\mid_{g=1}<0$，则 $g=1$ 具备稳定性。当 $x<x^*$ 时，$G(x)<0$，$F(g)\mid_{g=0}=0$，且 $F'(g)\mid_{g=0}<0$，则 $g=0$ 具备稳定性。当 $x=x^*$ 时，$G(x)=0$，$F(g)=0$，$F'(g)=0$，则 $g\in[0,1]$ 均处于稳定状态，无法确定主体稳定性策略。

根据命题3，政府管理部门策略选择的相位如图6.6所示。

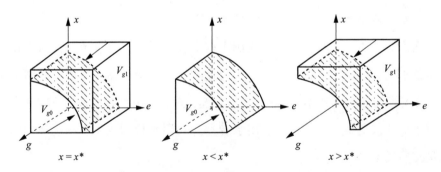

图6.6 政府管理部门管理策略选择的相位

图6.6中，V_{g1} 部分的体积代表政府管理部门选择激励管理策略的概率，对应地，V_{g0} 部分的体积代表政府管理部门选择不激励管理策略的概率，由图6.6可知，横截面过点 $(0,0,X)$，其中 $X=[e(L-2n-2m)+(1-y)h_2]/[y(h_1+h_2)+(1-e)L]$，则经计算可得：

$$V_{g0} = \int_0^1 \int_0^X \frac{e(L - 2n - 2m) + (1 - y)h_2}{y(h_1 + h_2) + (1 - e)L} dxdg = \frac{[e(L - 2n - 2m) + (1 - y)h_2]^2}{[y(h_1 + h_2) + (1 - e)L]^2}$$

$$(6.41)$$

$$V_{g1} = 1 - V_{g0} = 1 - \frac{[e(L - 2n - 2m) + (1 - y)h_2]^2}{[y(h_1 + h_2) + (1 - e)L]^2} \qquad (6.42)$$

命题 3 表明：农业用水者参与农用水权期权交易策略的概率达到阈值 x^*，政府管理部门的稳定策略为激励农用水权期权交易，提供经济补贴的政策。

推论 3：农业用水者参与农用水权期权交易时，政府未进行激励而造成公信力损失是政府选择激励策略的触发动因。

推论 3 表明：在农业用水者参与农用水权期权交易时，由于可能带来的整体社会节水福利的增加以及自身风险和费用，政府未进行激励而引发公信力损失。随着农业用水者参与农用水权期权交易概率的增加，会对政府采取激励政策产生一定的引导约束作用。

④金融机构触发分析。金融机构采取参与或不参与农用水权期权交易的期望收益、复制动态方程和一阶导数如下：

$$\begin{cases} U_e = xy(u_1 - u_2) + gn + u_2 - v \\ U_{1-e} = xy(u_2 - u_1) - gn - u_2 + v \end{cases} \qquad (6.43)$$

$$\overline{U_e} = eU_e + (1 - e)U_{1-e} \qquad (6.44)$$

$$F(e) = de/dt = 2e(1 - e)[xy(u_1 - u_2) + gn + u_2 - v] \qquad (6.45)$$

$$F'(e) = 2(1 - 2e)[xy(u_1 - u_2) + gn + u_2 - v] \qquad (6.46)$$

命题 4　当 $g>g^*$ 时，金融机构的策略是参与农用水权期权交易；当 $g<g^*$ 时，金融机构的策略是不参与农用水权期权交易；当 $g=g^*$ 时，无法确定金融机构的稳定策略。其中，阈值 $g^* = \dfrac{xy(u_1 - u_2) + u_2 - v}{n}$。

证明：令 $K(g) = xy(u_1 - u_2) + gn + u_2 - v$，$\partial K(g)/\partial g > 0$，因此 $K(g)$ 关于 g 是增函数，当 $g>g^*$ 时，$K(g)>0$，$F(e)|_{e=1}=0$，且 $F'(e)|_{e=1}<0$，则 $e=1$ 具有稳定性。当 $g<g^*$ 时，$K(g)<0$，$F(e)|_{e=0}=0$，且 $F'(e)|_{e=0}<0$，则 $e=0$ 具

有稳定性。当 $g=g^*$ 时，$K(g)=0$，$F(e)=0$，$F'(e)=0$，则 $e \in [0, 1]$ 均处于稳定状态，无法确定稳定策略。

根据命题4，金融机构参与农用水权交易策略选择的相位如图6.7所示。

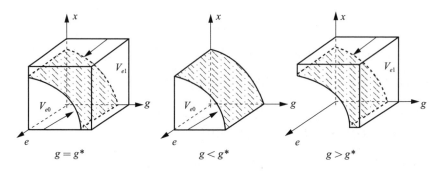

图 6.7　金融机构策略选择的相位

图6.7中，V_{e1} 部分的体积代表金融机构选择参与农用水权期权交易的概率，对应地，V_{e0} 部分的体积代表金融机构选择不参与农用水权期权交易的概率，由图 6.7 可知，横截面过点 $\left(0, \dfrac{xy(u_1-u_2)+u_2-v}{n}, 0\right)$，令 $G = \dfrac{xy(u_1-u_2)+u_2-v}{n}$，则经计算可得：

$$V_{e0} = \int_0^1 \int_0^G \frac{xy(u_1-u_2)+u_2-v}{n} \mathrm{d}g\mathrm{d}e = \frac{\left[xy(u_1-u_2)+u_2-v\right]^2}{n^2} \quad (6.47)$$

$$V_{e1} = 1 - V_{e0} = 1 - \frac{\left[xy(u_1-u_2)+u_2-v\right]^2}{n^2} \quad (6.48)$$

命题4表明：政府管理部门选择进行激励策略的概率达到阈值 g^*，金融机构的稳定策略为参与农用水权期权交易。

推论4：政府管理部门选择激励策略，通过经济补贴，触发金融机构参与农用水权期权交易。

推论4表明：随着政府管理部门对金融机构的补贴 n 增加，使得金融机构参与农用水权期权交易的概率也不断增加。由于研发的周期长、回报不确定等风险因素，金融机构创新需要大量资金投入，尤其是创新独特的天然溢出性。且随着创新活动门槛的抬高，若缺乏足够资金支持，就难以形成持续的创新动力。政府经济补贴对金融机构创新具有重要驱动力，但或许因补贴门槛效应，只有当补贴强度超过阈值，政府部门的经济补贴才可能发挥促进金融机构从事创新活动的作用。

（4）ESS 策略组合触发机制的稳定性分析

Friedman（1998）和 Weibull（1996）证实了复制动态系统得到的混合策略纳什均衡永远不会成为一个稳定点，待进一步研究策略组合的稳定性。在农用水权期权交易主体演化博弈的复制动态系统中，可以利用 Lyapunov 第一法则对博弈主体策略组合的渐进稳定性进行分析判断（孙淑慧等，2020）。其中，Jacobian 是一阶偏导数以一定方式排列成的矩阵，当其所有 Jacobian 矩阵的特征值均为负实部，则均衡点为稳定点；当至少有一个是正实部，则为不稳定点（朱立龙等，2021）。

由于水资源的公共属性，仅仅依靠完全的市场竞争不能有效发挥作用。为探索有效的交易方式，提高利用效率，农用水权期权交易离不开政府的参与。在此背景下，本书以政府管理部门的策略为视角，分析农用水权期权交易四方演化博弈的十六种纯策略均衡点的稳定性状态。

由上述得出的四方博弈的复制动态方程，可得复制动态系统的雅可比矩阵如下：

$$J = \begin{bmatrix} \partial F(x)/\partial x & \partial F(x)/\partial y & \partial F(x)/\partial g & \partial F(x)/\partial e \\ \partial F(y)/\partial x & \partial F(y)/\partial y & \partial F(y)/\partial g & \partial F(y)/\partial e \\ \partial F(g)/\partial x & \partial F(g)/\partial y & \partial F(g)/\partial g & \partial F(g)/\partial e \\ \partial F(e)/\partial x & \partial F(e)/\partial y & \partial F(e)/\partial g & \partial F(e)/\partial e \end{bmatrix} \qquad (6.49)$$

如果政府管理部门的策略选择稳定，为不激励农用水权期权交易，即当满足 $[xy(h_1+h_2)+x(1-e)L+e(L-2n-2m)+(1-y)h_2]<0$ 时，可分析复制动态系统均衡点的渐进稳定状态，见表 6.3。

表 6.3　政府管理部门不激励下复制动态系统均衡点渐进稳定性分析

均衡点	Jacobian 矩阵特征值 λ_1，λ_2，λ_3，λ_4	正负符号	稳定性	条件
$(0, 0, 0, 0)$	$F+(K-S)Q\alpha-c_2-(\varPhi-\theta-\pi)$， $(K-S)Q\alpha-F-c_2-(\varPsi-d-\theta-\phi\beta)$， h_2，$2(u_2-v)$	$(+, +, +, -)$	不稳定	/
$(1, 0, 0, 0)$	$-[F+(K-S)Q\alpha-c_2-(\varPhi-\theta-\pi)]$， $[(K-S)Q\alpha-F-c_2]-[F+c_2-d-\theta-\phi\beta]$， $L+h_2$，$2(u_2-v)$	$(-, +, +, -)$	不稳定	条件1
$(0, 1, 0, 0)$	$F+(K-S)Q\alpha-c_2-(SQ-\theta-\pi)$， $-[(K-S)Q\alpha-F-c_2-(\varPsi-d-\theta-\phi\beta)]$， 0，$2(u_2-v)$	$(x, -, 0, -)$	不稳定	/
$(0, 0, 0, 1)$	$F+(K-S)Q\alpha-c_1-(\varPhi-\theta-\pi)$， $(K-S)Q\alpha-F-c_1-(\varPsi-d-\theta-\phi\beta)$， $L-2n-2m+h_2$，$2(v-u_2)$	$(+, +, x, +)$	不稳定	/
$(1, 1, 0, 0)$	$-[F+(K-S)Q\alpha-c_2-(SQ-\theta-\pi)]$， $-\{[(K-S)Q\alpha-F-c_2]-[F+c_2-d-\theta-\phi\beta]\}$， h_1+h_2+L，$2(u_1-v)$	$(x, -, +, +)$	不稳定	条件1
$(1, 0, 0, 1)$	$-[F+(K-S)Q\alpha-c_1-(\varPhi-\theta-\pi)]$， $[(K-S)Q\alpha-F-c_1]-[F+c_1-d-\theta-\phi\beta]$， $L-2n-2m+h_2$，$-2(u_2-v)$	$(-, +, +, +)$	不稳定	条件2、 条件3
$(0, 1, 0, 1)$	$F+(K-S)Q\alpha-c_1-(SQ-\theta-\pi)$， $-[(K-S)Q\alpha-F-c_1-(\varPsi-d-\theta-\phi\beta)]$， $L-2n-2m$，$-2(u_2-v)$	$(x, -, -, +)$	不稳定	/
$(1, 1, 0, 1)$	$-[F+(K-S)Q\alpha-c_1-(SQ-\theta-\pi)]$， $-\{[(K-S)Q\alpha-F-c_1]-[F+c_1-d-\theta-\phi\beta]\}$， $h_1+h_2+L-2n-2m$，$-2(u_1-v)$	$(x, -, +, -)$	不稳定	条件2

注：x 表示符号不确定；

"/"表示无条件限制；

条件1：$(K-S)Q\alpha-F-c_2>F+c_2-d-\theta-\phi\beta$；

条件2：$(K-S)Q\alpha-F-c_1>F+c_1-d-\theta-\phi\beta$；

条件3：$L-2n-2m+h_2>0$。

如果政府管理部门的策略选择稳定为激励农用水权期权交易，即当满足 $[xy(h_1+h_2)+x(1-e)L+e(L-2n-2m)+(1-y)h_2]>0$ 时，可分析复制动态系统均衡点的渐进稳定状态，见表6.4。

表 6.4　政府管理部门激励下复制动态系统均衡点渐进稳定性分析

均衡点	Jacobian 矩阵特征值 λ_1，λ_2，λ_3，λ_4	正负符号	稳定性	条件
$(0, 0, 1, 0)$	$F+(K-S)Q\alpha+m-c_2-(\Phi-\theta-\pi)$， $(K-S)Q\alpha-F-c_1-(\Psi-d-\theta-\phi\beta)$， $-h_2$，$2(u_2+n-v)$	$(+, +, -, +)$	不稳定	/
$(1, 0, 1, 0)$	$-[F+(K-S)Q\alpha+m-c_2-(\Phi-\theta-\pi)]$， $[(K-S)Q\alpha-F-c_2]-[F+c_2-d-\theta-\phi\beta]$， $-(L+h_2)$，$2(u_2+n-v)$	$(-, +, -, +)$	不稳定	条件 1
$(0, 1, 1, 0)$	$F+(K-S)Q\alpha+m-c_2-(SQ-\theta-\pi)$， $-[(K-S)Q\alpha-F-c_2-(\Psi-d-\theta-\phi\beta)]$， 0，$2(u_2+n-v)$	$(+, -, 0, +)$	不稳定	/
$(0, 0, 1, 1)$	$F+(K-S)Q\alpha+m-c_1-(\Phi-\theta-\pi)$， $(K-S)Q\alpha-F-c_1-(\Psi-d-\theta-\phi\beta)$， $-(L-2n-2m+h_2)$，$-2(u_2+n-v)$	$(+, +, -, -)$	不稳定	条件 3
$(1, 1, 1, 0)$	$-[F+(K-S)Q\alpha+m-c_2-(SQ-\theta-\pi)]$， $-\{[(K-S)Q\alpha-F-c_2]-[F+c_2-d-\theta-\phi\beta]\}$； $-(h_1+h_2+L)$，$2(u_1+n-v)$	$(-, -, -, +)$	不稳定	条件 1
$(1, 0, 1, 1)$	$-[F+(K-S)Q\alpha+m-c_1-(\Phi-\theta-\pi)]$， $[(K-S)Q\alpha-F-c_1]-[F+c_1-d-\theta-\phi\beta]$， $-(L-2n-2m+h_2)$，$-2(u_2+n-v)$	$(-, +, -, -)$	不稳定	条件 2、 条件 3
$(0, 1, 1, 1)$	$-[(K-S)Q\alpha-F-c_1-(\Psi-d-\theta-\phi\beta)]$， $F+(K-S)Q\alpha+m-c_1-(SQ-\theta-\pi)$， $-(L-2n-2m)$，$-2(u_2+n-v)$	$(+, -, x, -)$	不稳定	/
$(1, 1, 1, 1)$	$-[F+(K-S)Q\alpha+m-c_1-(SQ-\theta-\pi)]$， $-\{[(K-S)Q\alpha-F-c_1]-[F+c_1-d-\theta-\phi\beta]\}$， $-(h_1+h_2+L-2n-2m)$，$-2(u_1+n-v)$	$(-, -, -, -)$	ESS	/

注：x 表示符号不确定；

"/" 表示无条件限制；

条件 1：$(K-S)Q\alpha-F-c_2>F+c_2-d-\theta-\phi\beta$；

条件 2：$(K-S)Q\alpha-F-c_1>F+c_1-d-\theta-\phi\beta$；

条件 3：$L-2n-2m+h_2>0$。

结合表 6.3 和表 6.4 可知，政府管理部门进行激励政策时，存在纯策略稳定均衡点。在政府管理部门趋于激励策略时，存在一种可能的稳定策略 ESS $(1, 1, 1, 1)$，农用水权期权交易触发，即农业用水者以及工业用水者选择农用水权期权交易模式，政府管理部门对农用水权期权交易采取激励政策，金融机构也创新金融服务参与农用水权期权交易。

分析发现，当金融机构参与农用水权期权交易的概率达到一定阈值后，工农业用水者稳定策略都是参加农用水权期权交易。当政府管理部门选择激励策略突破阈值，金融机构的稳定策略是参与农用水权期权交易；而政府管理部门稳定策略为选择激励时，是在农业用水者参加农用水权期权交易的概率达到阈值时发生。此外，存在演化稳定策略 ESS(1，1，1，1)，农用水权期权交易得到触发。

6.3.3 农用水权期权交易的触发仿真

农用水权期权交易作为一种创新的水权规模化交易模式，发挥化解水资源供需及水价变动等不确定性风险，降低工业企业用水成本等优势，促进水权市场化交易，实现水资源高效配置。在上述研究的基础上，本书根据内蒙古水市场的实际情况，结合 Matlab 仿真，对其农用水权期权交易的触发进行仿真研究。

（1）研究区概况

2014 年，内蒙古自治区成为中国水权试点省份，主要任务是在河套灌区开展黄河干流跨盟市水权交易，其农用水权交易卖方主要是河套灌区等沿黄灌区，买方主要是内蒙古缺水工业企业。2003 年以前，河套灌区年引黄用水量约 50 亿立方米，灌溉水利用系数较低。为改善缺水困境，内蒙古自 2003 年起开展水权制度建设及相关实践。2004 年，水利部发布《关于内蒙古宁夏黄河干流水权转换试点工作的指导意见》，内蒙古一直积极地探索水权转换试点工作。2008 年，内蒙古大中矿业有限责任公司投资河套灌区农业节水改造工程置换农业水权。随着工业企业用水紧张形势严峻，2019 年 12 月，鄂尔多斯市杭锦旗委托内蒙古水权收储中心有限公司水权交易平台通过市场化运作，配给再生水指标以解决工业水资源需求问题，并以此交易作为试点。2021 年 6 月，再次开展鄂尔多斯市杭锦旗黄河南岸灌区再生水水权转让交易，2021

年全年，内蒙古交易水量达 22085 万立方米。

随着内蒙古经济社会的向上发展，工业项目需水量也大幅增加。工业供需矛盾日益尖锐，充分显示开展农用水权交易的重要性。但总体上讲，内蒙古水权交易活跃度低，相关沿黄地区水权交易是以政府主导方式进行的水权转让。据统计，仅鄂尔多斯市每年因缺水而无法开展项目工作的需水缺口达 5 亿立方米左右。近年来，内蒙古统筹流域整体，激发节水潜力，综合拓展水资源配置的空间和尺度，不断探索水权交易新模式。

（2）农用水权期权交易仿真的参数设置

①农用水权期权的定价。结合前文建立的农用水权期权的定价模型，对影响其定价的关键变量的取值与说明如下：

初始水价 $S(0)$：0.6 元/立方米。目前，通过中国水权交易所的交易数据来看，内蒙古农用水权交易的现货价格大多以 0.6 元/立方米成交。所以，本书以 0.6 元/立方米定为农用水权期权的初始水价。

有效期 t：农用水权期权合约的有效期分别为 5 年、10 年和 15 年。水资源及水权交易的特殊属性使得水权期权不同于传统金融期权，农用水权期权的有效期一般较长，同时结合目前内蒙古开展的水权现货交易的期限，本书以 5 年、10 年和 15 年作为水权期权合约的有效期。

执行价格 K：农用水权期权的执行价格主要由交易双方协商，根据农用水权期权合约不同的有效期，结合内蒙古农用现货交易的价格，本书以一定的增长率将内蒙古农用水权期权的执行价格分别设定为 0.89 元/立方米、1.57 元/立方米、2.61 元/立方米。

无风险收益率 r：3.97%。无风险收益率用国债票面利率来衡量，本书选取 2021 年五年期的储蓄国债票面年利率 3.97%，运用连续复利 $\ln^{(1+r)}$ 计算。

农业水价波动率 σ：0.0325。方差率为水权的连续复利收益率的标准差，根据 2000—2021 年内蒙古农业水价计算得出 0.0325，详细水价信息如表 6.5 所示。

漂移率 δ：6%。以农用水权交易的期望收益，即单位时间里变量均值的变化率来衡量，根据中国内蒙古水权交易的预期收益率，本书取值为6%。

伽马过程的方差率 ε：0.0012。根据中国2000—2021年内蒙古农业水价的数据得出伽马过程的方差率为0.0012。

表6.5　内蒙古农业水价　　　　　　　　　　　单位：元/立方米

年份	2000	2008	2010	2012	2014	2015	2019	2021
农业水价	0.04	0.049	0.053	0.054	0.103	0.115	0.103	0.127

资料来源：中国水网、内蒙古自治区相关政府网站。

运用前文设定的农用水权期权定价模型，经过计算，在农用水权期权合约有效期限 t 为5年、10年和15年时，执行价格 K 分别为0.89元/立方米、1.57元/立方米、2.61元/立方米，内蒙古农用水权期权费 f 分别为0.0159元/立方米、0.5890元/立方米、0.8121元/立方米。

②其他参数设置。在内蒙古农用水权期权交易中，期权的执行水量 $Q=50$；执行价格 $K=1.57$；农用水权买方于期权到期日是否执行期权 $\alpha=1$；金融机构参与下农用水权期权交易的信息搜寻及时间等交易成本 $c_1=7$；无金融机构参与下 $c_2=11$；农用水权买卖双方现货交易的信息搜寻等成本 $\theta=13$。工业用水者参与农用水权现货交易时，因储水量不够造成经济损失及声誉损失等风险 $\pi=2$；其参与现货交易的储水设施投入 $d=6$；因缺水造成的经济损失 $\phi=15$；缺水的风险系数 $\beta=0.6$。农用水权期权买卖双方都采用农用水权现货交易时，农业用水者的收入 $\Phi=25$；工业用水者的收入 $\Psi=12$。买卖双方参与期权交易时，政府采取激励政策收获的节水福利 $h_1=10$，参与现货交易时，政府采取激励政策收获的节水福利 $h_2=5$；政府对农业用水者进行农用水权期权交易补贴 $m=5$，对于金融中介机构参与农用水权期权交易补贴 $n=4$；在农业用水者或金融机构选择农用水权期权交易而未进行激励时，政府公信力损失 $L=16$。金融机构参与农用水权期权交易撮合成功的收益 $u_1=10$，参与农用水权期权交易未撮合成功的收益 $u_2=5$；金融机构参与农用水权期权交易创新金融服务的成本 $v=9$。假设各博弈方初始策略的选择 $x=0.5$，$y=0.5$，$g=0.2$，$e=0.2$。

（3）农用水权期权交易的仿真结果分析

为验证演化稳定性分析的有效性，更直观地展示复制动态系统中关键要素对 ESS 博弈策略演化过程的影响，结合现实情况，将模型赋以数值，利用 Matlab2018 对各博弈方的演化轨迹进行数值仿真，其中 Ode45 命令测量关键要素对系统演化的影响。

①农用水权期权费的影响分析。设农用水权期权费 $f = \{0.0159, 0.5890, 0.8121\}$，四方博弈主体策略演化路径及 ESS 敏感度分析如图 6.8 所示。

由图 6.8 可知，农用水权期权费的高低除了影响工农业用水者的策略演化外，还对其余博弈主体的策略演化趋势产生影响，其中稳定策略变化最明显的是农业用水者和金融机构。随着农用水权期权有效期由 5 年、10 年到 15 年及相应期权费的变化，农业用水者和金融机构从选择不参与向参与农用水权期权交易的策略转变，且概率明显上升，并稳定在这一纯策略上；可见期权费的变化对农业用水者及金融机构的策略选择有着重要影响。进一步论证了前文的推论 1，即金融机构参与农用水权期权交易，提升农业用水者在交易中的议价能力，作用于农用水权期权费的合理划定，从而有效触发了农业用水者参与农用水权期权交易，反过来也对金融机构自身的参与概率产生了影响。此外，政府管理部门选择激励策略的概率以及工业用水者参与期权的概率都稳定于整体纯策略 ESS，即触发农用水权期权交易。可得知，随着期权交易期限和期权费的增加，当有效期为 15 年，期权费为 0.8121 元/立方米时，更易触发内蒙古农用水权期权交易。

②金融机构降低交易成本的影响分析。设金融机构参与下的农用水权期权交易成本 $c_1 = \{5, 7, 10\}$，四方博弈主体策略演化路径及 ESS 敏感度分析如图 6.9 所示。

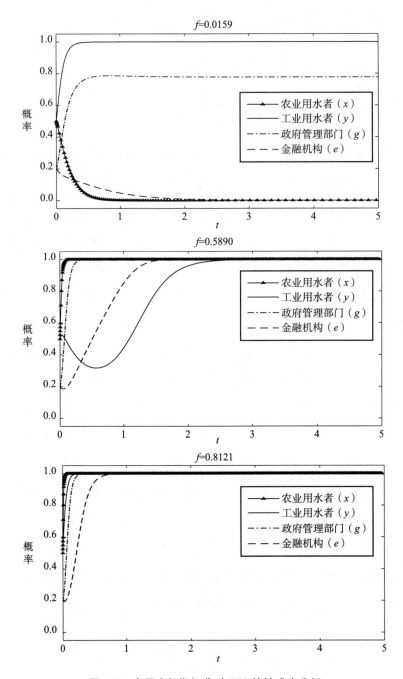

图 6.8　农用水权期权费对 ESS 的敏感度分析

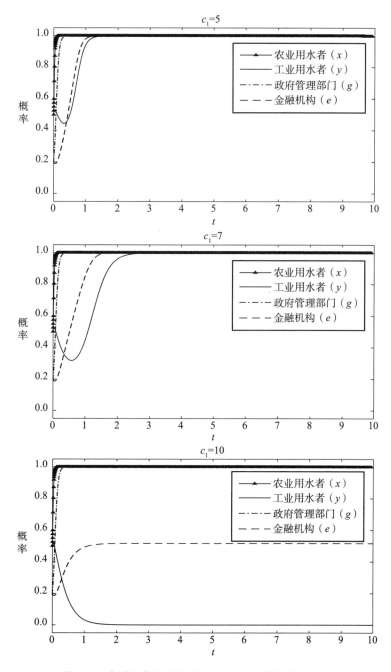

图 6.9　金融机构降低交易成本对 ESS 的敏感度分析

由图 6.9 可知，随着金融机构的参与，农用水权期权交易成本的降低，工业用水者及金融机构选择参与农用水权期权交易的概率逐渐提高，其中工业用水者变化最为显著，且逐渐稳定于农用水权期权交易这一纯策略上，推论 2 得到进一步论证，即金融机构参与农用水权期权交易，通过农用水权期权交易成本因素，触发工业用水者参与农用水权期权交易。此外，金融机构的参与使得农用水权期权交易成本降低，又进一步提升了金融机构参与的积极性。当交易成本为 5 时，相较于现货交易，工农业用水者最终的纯策略是选择农用水权期权交易，金融机构选择创新金融业务参与期权交易，政府选择激励的策略，ESS 稳定，从而有效触发内蒙古农用水权期权交易。

③政府管理部门公信力损失的影响分析。设政府管理部门公信力损失 $L = \{3，16，30\}$，四方博弈主体策略演化路径及 ESS 敏感度分析见图 6.10。

由图 6.10 可知，农业用水者或金融机构选择参与农用水权期权交易，但政府管理部门未选择激励策略造成公信力损失增大，对政府管理部门的概率选择影响最大，使其从选择激励策略的概率由 0.2 附近向激励策略概率 1 稳定转变，也使得整体演化稳定策略趋向于触发农用水权期权交易。推论 3，即政府未进行激励而造成公信力损失是政府选择激励策略的触发动因得到一定的论证。此外，从金融机构概率选择的演化路径来看，随着公信力损失增大，即对政府管理部门的约束力不断增强，反过来又进一步促进了金融机构较快地演化与稳定策略，即创新金融业务，提供金融服务，参与到农用水权期权交易之中。另外，我们也发现，对工业用水者概率选择的演化路径也产生了影响，当政府未选择激励策略引起的公信力损失达到 30 时，工业用水者选择农用水权期权交易的概率会不断增加，趋于稳定的时间不断缩短。且整体 ESS 稳定，触发内蒙古农用水权期权交易成为各主体的纯策略。

④政府管理部门对金融机构经济补贴的影响分析。设政府管理部门对金融机构经济补贴 $n = \{2，4，10\}$，四方博弈主体策略演化路径及 ESS 敏感度分析见图 6.11。

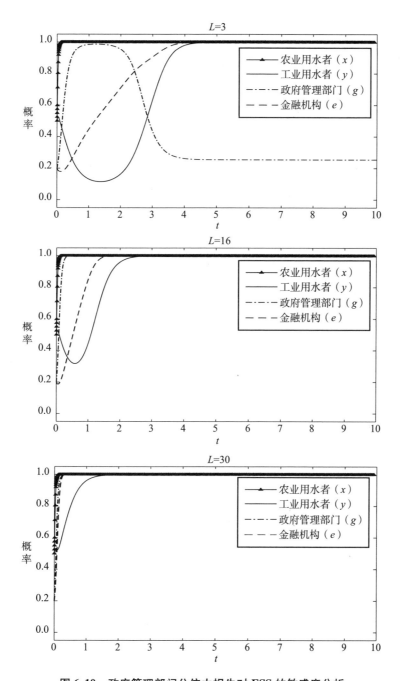

图 6.10　政府管理部门公信力损失对 ESS 的敏感度分析

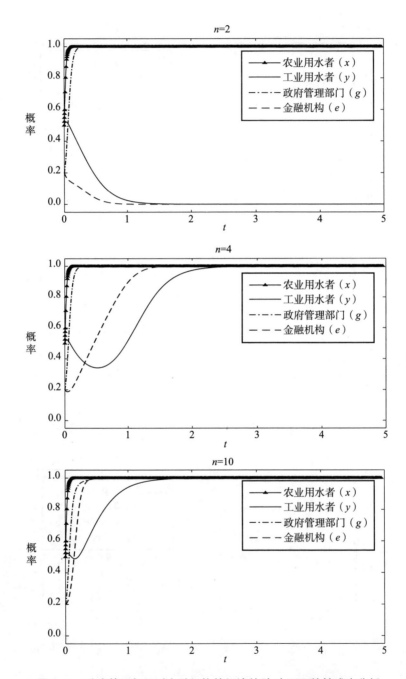

图 6.11　政府管理部门对金融机构的经济补贴对 ESS 的敏感度分析

由图 6.11 可知，当政府管理部门对金融机构的经济补贴 n 为 2 时，并没有使得金融机构的纯策略是选择参与农用水权期权交易，但随着补贴的增加，达到4时，金融机构改变策略选择创新金融业务，且参与农用水权期权交易的概率不断增加，最终稳定于1，表明这之间存在着一定的补贴门槛效应，只有在补贴强度 n 超过阈值4后，政府补贴才能发挥对金融创新业务的促进作用，推论4得到一定的论证。此外，随着对金融机构补贴的增加以及金融机构参与期权交易的概率不断增加，工业用水者参与农用水权期权交易的概率也从0增加至1，从而使得四方主体的纯策略最终稳定于1，整体 ESS 稳定，触发了内蒙古农用水权期权交易。

⑤政府管理部门策略选择的影响分析。为进一步验证政府管理部门对农用水权期权交易买卖双方的作用以及对触发其交易的影响，通过设置 $g=0$，$g=0.2$，$g=1$ 来表示政府管理部门从选择激励到不激励策略状态转变的概率，在三维空间中，仿真分析内蒙古农业用水者、工业用水者及金融机构三方不同初始策略的演化路径，结果见图 6.12。

由图 6.12 可知，当 $g=1$ 时，存在纯策略（1，1，1），表明政府管理部门对农用水权期权交易进行激励，使得其他三方的纯策略都是选择参与农用水权期权交易。但随着政府管理部门选择激励的概率降低，其他三方的纯策略从（1，1，1）向（1，0，0）演化，当 $g=0$ 时，存在两个最优纯策略，说明选择参与农用水权期权交易的策略不稳定。其中，变化最大的是金融机构和工业用水者，对农业用水者的影响较小。基于此，可看出政府管理部门的策略选择对整体策略演化的重要性，农用水权期权交易的触发离不开政府管理部门对自身职责的积极承担。

综上，我们可以看出，影响农业用水者参与农用水权期权交易策略的触发点，即触发动因是金融机构通过影响农用水权期权费因素，而政府管理部门补贴激励因素对农业用水者的影响较小。对工业用水者参与农用水权期权交易策略的触发动因是金融机构降低农用水权期权交易成本。对于政府管理部门来讲，影响其选择激励农用水权期权交易策略的触发动因是政府未进行激励而造成公信力损失。对于金融机构参与农用水权期权交易影响最大的触发因素是政府管理部门超过阈值的经济补贴激励。

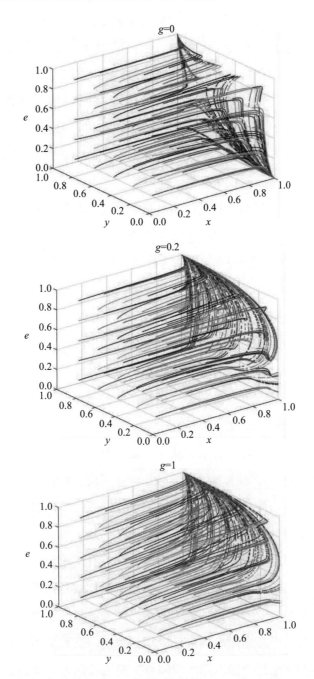

图 6.12 政府管理部门策略选择对各方策略的演化路径

6.4　促进农用水权期权交易的建议

6.4.1　制定农用水权期权交易相关规章制度，开展试点工作

首先，要确立农用水权确权制度，推进水资源确权到户，提供交易基础。其次，从水权期权交易价格、交易类型、交易主体、交易期限、交易平台等方面，根据实际制定并不断完善农用水权期权交易制度，同时加强水权期权交易环境、基础设施、保障措施等方面配套制度建设，尤其是要健全相关法律法规，完善水管理制度与法规建设。综上，在明确基本制度、基本原则的指导下，在总结评估全国水权交易经验的基础上，应建立国家统筹、流域分管的多层级平台，有效开展农用水权期权交易试点工作。

6.4.2　发挥政府作用，调控金融创新服务的补贴力度

政府管理部门作为农用水权期权交易的参与者与监督管理者，应积极承担政府责任，发挥政府作用，同时要不断提升水权交易的金融属性，推动开展农用水权期权交易。通过制定合理的补贴制度，激励参与农用水权期权交易的金融机构，调控金融创新服务的补贴力度，降低金融机构参与农用水权期权交易和提供绿色服务的成本，加大引导、鼓励金融机构参与绿色金融，制定科学的信息披露制度，推动农用水权期权交易的可持续发展。

6.4.3　合理定价期权费，改善农业用水者的弱势地位

农用水权期权定价对改善农业用水者的弱势地位、触发农用水权期权交易具有重要作用。金融机构在期权费定价中应发挥主导作用，加大农用水权期权定价模型的研发力度，针对农用水价的动态变化情况，重点分析影响农用水权期权费的因素。此外，农用水权期权费的合理定价可以有效保障弱势市场主体的权利实现，增强农业用水者在农用水权期权交易市场中的博弈能力，激发农业用水者的参与意愿和行为。

163

6.4.4　创新绿色金融业务模式，降低农用水权期权交易成本

金融机构作为农用水权期权交易的关键方，应积极创新绿色金融业务模式，树立社会和生态环境责任意识，加快农用水权交易方面的行业布局。一是通过加大人才、资本和技术设施等投入，不断创新农用水权期权产品；二是开拓买卖双方的交易渠道，积极撮合双方协商农用水权期权条款，向交易者提供双边报价；三是发挥金融中介作用，降低信息搜寻等交易成本，激发农业用水者和工业用水者选择农用水权期权交易模式。

第 7 章

农用水权规模化交易的
收储机制与监管机制

面对现行农用水权交易"小规模、分散化"进而导致水权交易成本高的问题，实施农用水权规模化交易这一水权流转的新实现形式，首先需要解决分散的农用节余水权如何回购和收储的问题。农用水权的回购和收储能够激励农业节水，提高农用水权交易的交易水量，促进水权交易由现货方式向期货方式转变，为实现水权交易的规模化提供基础和条件。鉴于农用水资源是一种准公共物品，水权交易过程中由于存在信息不对称等问题而导致生态破坏等诸多外部性后果。因此，水权市场的正常运行离不开政府的监督管理，需要聚焦水权交易的前期、中期和后期各个主体的用水行为，综合运用经济财政手段对市场准入、交易规模、交易用途进行核查，对水权交易可能带来的第三方影响进行监督和管理，基于对不同模式的规模化交易的监督和管理是农用水权规模化交易有序运行的保障。因此，本部分从水权交易前期的水权收储机制和后期的交易监管机制两方面来分析农用水权规模化交易的配套机制。

7.1 农用水权收储机制分析

农用水权收储是经政府批准的专门机构或政府公开招标的需水企业依照法定程序和权限，通过收购、托管、赎买、划拨等方式取得水资源的使用权，并进行投资、借贷或其他经营以实现整体经济效益或生态效益的手段。由于农用水资源的所有权归国家所有，故农用水权收储实质是对农用水资源的使用权和取水权的收储。目前对水权收储机制的研究较少，主要集中在对林权、土地等其他自然资源的收储方式进行研究，如刘颖娴等（2020）主张采用单独注资、混合所有制的方式建立以政府为主导的林权收储担保机构进行收储；刘宁（2010）提出，中国要建立以公共财政为主的多元化林业投入机制，加大对林业市场的政府调控力度；王凯（2018）分析指出，土地收储过程中，政府应发挥作用，防止国有资产流失；张兰花和许接眉（2016）认为，林权的收储过于依赖财政拨款，需要市场机制对林权收储过程进行补充。上述研究均主张在面对自然资源收储时，需要政府在收储过程中起主导作用，以保障农户的权益和国有资产不流失，且需要市场机制为收储提供资金与创新。近年来，部分地区水权交易市场发展较为迅速，但整体仍处于低迷状态，水权交易规模小和流动性差是目前水权交易市场的主要问题。在水权市场中，机构投资者的缺失是水权交易市场低迷的一个主要原因，而对分散化的农用水权进行回购和收储能够有效促进水权市场的规模化交易，提高水权交易市场的流动性。同时，水权交易容易受到过度投机行为影响，给参与农户和需水企业造成严重损失，农用水权收储机制能够有效抑制投机行为发生。

7.1.1 农用水权收储的必要性

（1）农用水权收储是实施规模化水权交易的前提

水权交易是提高农用水资源的配置效率、利用效率和促进农业节水的重要手段，目前中国已有多起农用水权交易，但总体表现为"小规模、分散化"的特点，以政府推动为主，暴露出以下问题。一是水权界定不清晰，中国农业生产以家庭承包为主，2020年中国人口数为141212万人，耕地灌溉面积为6916.1万公顷，人均灌溉面积为0.735亩，远低于世界平均水平。农用水权确权需要农户承担高额的水权排他成本，农户节水的预期收益远低于水权界定成本，最终导致农用水权界定程度不高。二是交易成本高，农户进行水权交易需要对水权进行再计量、搜寻匹配交易对象等行为。单个农户节余水量少、交易成本高，难以寻找到合适的匹配对象，如果单个农户单笔可用于交易的小规模、零散水权产生的潜在收益低到可忽略不计，则会直接导致农户放弃水权交易获利的机会。收储机制为扩大水权交易规模，解决农户水权交易面临的高成本、低收益困境提供了一种思路。首先，考虑到中国的用水、分水传统，农户进行水权决策倾向于集体行动而非单独行动，所以水权交易不需要花费大量的界定成本将农用水计量到户，而是将农用水权确权到最有决策效率层面的决策实体，如村"两委"、农民用水协会，通过村"两委"、农民用水协会督促农户节水，收集农户的零散水权，扩大可用于交易的水权规模和数量，通过集中、联合交易，降低交易成本。通过水权收储，在区域内形成具有较强谈判力的供给方，减少交易信息的搜寻成本和交易中讨价还价的成本。因此，实施农用水权收储，有助于进一步实行规模化水权交易。

（2）农用水权收储能够促进水权交易的现货方式向期权方式转变

农用水权期权交易是一种在一定时间内一次或多次以某一确定的价格购买（出售）一定量农用水权的权利，可分为水权看涨、水权看跌期权。由于水权交易现货方式受到气候、降雨量等自然条件的显著影响，导致农用水权供给具有一定的不确定性，开展农用水权期权交易能够在水权交易中起到减少价格波动，进行风险对冲的作用。信息搜寻和水权交割等交易成本直接影响农户的交易成本，水权期权交易能够提高交易双方的信息透明度，同时交易所和明确的交易规则能够减少买卖双方的时间成本和谈判成本，且期权交易的专业化期权契约性更强，突破时空限制的可能性更大，水资源配置优化能力更强。但农用水权期权交易是在原生金融产品的基础上衍化和派生的，具有较强金融属性，进行农用水权期权交易门槛较高，需要具备一定的金融知识，根据《中国统计年鉴》《中国人口与就业统计年鉴》数据，2019 年全国农村平均受教育年限为 7.94 年，仅为初中水平，教育水平较低，绝大多数农户难以理解农用水权期权交易模式。这就需要通过专门机构对农户分散的节余水权进行收储或回购，代表农业用水者参与农用水权期权交易，弥补农户相关知识不足，进一步促进水权交易现货方式向期权方式转变。

（3）农用水权收储能够激励农业节水

根据舒尔茨和波普金的理性小农框架，农户的行为和决策主要受到自身效用水平差异的影响，市场经济回报是农户做出决策的基础。农户的节水收益取决于水权交易价格、水权交易量和节水成本三方面。农户作为农用水权的供给方，需水企业作为农用水权的需求方，双方存在明显的信息不对称现象，需水方能够凭借自身的信息优势对农户进行价格打压，严重影响农户的节水收益和节水积极性。在节水成本方面，农户进行水权交易的交易成本主要为节水成本、计量成本、信息搜寻成本、水权交割成本等。单个农户由于可交易的节余水权较少，交易成本过高，降低农户的收益，导致农户的节水积极性较低。由于当前农用水权确权水平难以实现计量到户，难以对农户的用水行为有效监督，导致农户的用水仍以大水漫灌为主。地方政府、当地农民用水协会等收储主体对农用水权进行收储，一方面可以对农户的用水行为进行监督，督促农户节水；另一方面，将农户的分散水权进行回购和收储，便于达成一致行动，能够减少信息搜寻成本，并提高与需水企业的议价能力，增加农户节水的潜在收益，进一步激励农户的节水行为。

7.1.2 中国农用水权收储的特殊性

（1）农用水权收储的资源禀赋及气候环境

考虑到中国水资源禀赋、小农户和分水传统等特定国情因素，农业水权交易的实现前提是对小规模、分散化的零星农用水权进行收储。中国的农业生产方式以家庭承包为主，家庭式的农业生产由村"两委"直接负责，农户生产什么作物，何时进行农业灌溉，进行什么形式的农业灌溉都是村"两委"进行协商安排，当地的户均用水量相似，农户间几乎没有水权交易的需求，农户的节余水权只有流向其他行业才能产生收益。2020年，中国农户人均灌溉面积为0.735亩。以农业大省山东省为例，2021年，山东省平均灌溉用水价格为10元/亩，农户的人均灌溉成本为7.35元。在此背景下，农户缺乏农业节水并进行水权交易的激励。另外，中国季风性气候十分显著，中国大部分地区都受季风性气候影响，主要有温带季风性气候和亚热带季风性气候。季风性气候的主要特点是不同季节降雨量差异大，全国降雨量主要集中在五月到十月，农户在此期间有多余的水资源，在其他月份，降雨较少，农户缺水严重，尤其是近年来，极端天气频发，如 2022 年出现的"北涝南旱"现象，让北方农户的灌溉用水出现节余，南方部分地区出现大面积的旱情，灌溉水严重不足，由于南方大部分地区缺乏农用水收储机制，不得不采取人工降雨措施缓解旱情，仅四川省宜宾市 2022 年 8 月 1 日到 8 月 26 日共花费人工降雨成本约 1500 万元。若进行农用水权收储和回购，在雨水充沛时对农户的节余水权进行回购，在干旱时，对农户的农用水权进行逆回购，利用南水北调工程和地下管网实现全国范围的水资源调配，能够充分满足各地农户的灌溉用水需求，确保中国粮食安全。

（2）农用水权交易的供需状况

水资源作为基础生产要素，对工业产出和高质量发展有直接影响。随着工业的发展，部分地区、部分行业出现了较严重的水资源短缺问题，为满足这部分的工业用水需求，地下水严重超采，出现大量的漏斗区，有些地区甚至将农用水指标无偿划转给工业，极大损害了农户的权益。2020 年，中国农田灌溉水有效利用系数为 0.565，有效用水效率仅为高效用水国家水平的 1/3。农田灌溉水浪费和工业用水紧缺之间能够形成有效互补，但工业用水需要持续稳定的供应，农业可出售的节余灌溉水受季风影响显著，在节水技术保持不变的情况下，若当地雨量充沛，农户能够出售的水量大于工业需水量，水权交易价格会出现大幅下降（见图 7.1）。工业用水需求缺乏弹性，可出售节余用水量增加，必然会使得农户的供给曲线由 S_1 右移到 S_2，农用水权交易价格下降幅度大于农用水权交易数量的增加幅度，致使农户出售节余农用水权的收入减少，减少数量为图形中矩形面积之差。由于农户的收益减少，农户在下一期可能会改变节水策略，进而出售较少的节余水量，增加灌溉用水量来增加产量。那么，会出现以下两种情况：

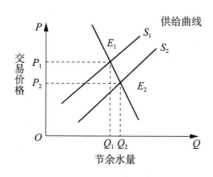

图 7.1 农用水的供给变化

在基期出现旱情时，农户的节余水量减少，水权价格上升，农户收益增加，农户通过改进节水设备、改变种植结构来增加节余水量。在工业企业方面，由于水价过高，工业企业会做出减产的决策，工业用水量随之减少。当第一期继续出现旱情时，基期农户和工业企业的决策会增加两者的收益，并形成新的均衡。若第一期出现水涝或没有出现旱情时，供给大幅度增加，农户的供给曲线 S_1 大幅度右移，供给大于需求，交易水价降低，可能会出现水权交易收益小于水权交易成本的现象，农户宁愿浪费掉也不愿意进行水权交易，工业企业受到损失，水资源浪费严重。

在基期出现水涝情况下，农户可交易的节余水量增多，水权交易价格下降，农户获得较少的收益，不会选择改进节水设备和调整种植结构，甚至会继续进行粗放式灌溉。由于水权交易价格降低，工业企业的收益增加，工业企业有可能扩大生产规模来追求更高的收益。在第一期继续出现水涝的情况下，农户和工业企业的决策均使自己获得更高的收益。在第一期出现干旱或没有出现水涝的情况下，水权交易价格上升，由于农户在基期没有进行节水改造，可交易水权量较少，工业企业扩产后，水资源供应无法满足新增产能，则会出现工业企业生产停摆的现象。

因此，农户的节余水量与工业企业需水之间需要一个长期稳定的供水机制，需要中介组织对农户零散的节余水权进行收集并储存，以保障与工业企业长期稳定的水权交易。

7.1.3　农用水权的收储模式构建

（1）工业企业回收农用水权模式

①工业企业回收农用水权模式的内涵。在区域水权总量保持不变的情况下，工业与农业之间的水资源短缺与水资源浪费、具备投资能力和缺乏投资资金之间形成优势互补，通过政府对工业企业进行公开招标，工业企业等用水大户投资灌溉设施改造及终端界定计量等工程，通过实施管道输水，修建防渗通道，推广喷灌、滴灌、微灌作物等技术，大幅度提高当地农业的节水效率。作为对工业企业投资的回报，工业企业获得对节余农用水权进行回收的权利。

②工业企业回收模式的应用背景。工业企业回收的水权是确权层面在灌区的农用水权，通过对特定地区农村灌溉设施进行投资，获取该地区节余水的用水权。适用于为保护生态环境，区域水量保持不变，工业用水指标无法增加，只能通过农业用水向工业用水转移的方式实现，并且该地区工业耗水较多，短期内通过更新工业节水设施来实现节水较为困难，存在农业水资源浪费、水利基础设施陈旧、缺乏完善的灌溉设施、地方政府资金短缺、财政紧张的现象。实施工业企业回收模式的实质是，通过有经济实力且缺水的工业企业对缺乏资金和有节水需求的灌区进行节水投资，工业部门实现对农业节余用水权的收购，农用水权由农业部门向工业部门转移，工业部门实现对农户分散和零星的节余水权的收储。

③工业企业回收模式的流程。地方政府（村、乡镇）或水管部门对需要和能够进行节水改造的灌区进行实地考察，针对当地情况和产业发展规划编制招标文件，对投标企业进行资格审查。需水工业企业对能够改造的灌区进行实地考察，根据当地实际情况进行成本收益核算，编写投标文件，参与政府公开发布的招标。经过专家评审后，确定中标人，进行资格审查，政府或水管部门向中标企业发送中标通知书，对中标企业的投资节水和收储进行全程督促与监督。中标后，企业与灌区签订合同（合同涉及供水年限、供水价

格、节水灌溉设备和水利基础设施年限、履约及违约问题等），中标企业与施工单位签订合同（合同内容包括节水灌溉设备的型号、完工时间、费用及保证金、后期维修及质量保证等）。节水灌溉设备及水利工程完工后，需水企业对农户多余水权按照既定价格进行收储，在合同规定的地点和时间进行实物交割或水权交割。具体流程如图7.2所示。

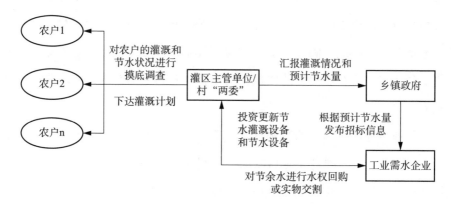

图7.2　工业企业回收水权流程

　　④工业企业回收水权模式的实践。宁夏回族自治区是处于黄河上游的欠发达地区，农业用水量占总用水量的95%以上，工业用水仅占3%，低于全国平均水平。同时，宁夏引黄灌溉由于资金投入少，灌排工程老化、失修严重、渗漏严重，渠系水利用系数只有0.42，青铜峡灌区灌溉水利用系数仅为0.35，农用水浪费严重。宁夏为发展经济，针对煤炭储量大的特点，建设宁东能源重化工基地，加快城市化和工业化进程，但为保护黄河中下游生态环境，国家对宁夏新上工业建设项目不再增加黄河取水指标。宁夏大坝电厂三期扩建工程和宁东马莲台电厂一期工程实施工业企业水权试点工作，由大坝电厂和宁东马莲台电厂分别对青铜峡河东灌区汉渠灌域和河西灌区惠农渠灌域进行节水改造，将节约的水量有偿转让给两家电厂，解决电厂用水问题。汉渠灌域节水改造工程总投资为4932.7万元，工程实施后，每年减少渠首引黄水量5000万立方米，减少耗用黄河水量1800万立方米。大坝电站负责投入2/3的资金。惠农渠灌域节水措施工程总投资为5696万元，工程实施后，

每年减少渠首引黄水量 5700 万立方米，减少耗用黄河水量 2150 万立方米。通过工业企业回收水权的模式，解决了宁夏新上工业建设项目的用水问题，同时帮助农业拓展了水利融资渠道，成功地走出了一条解决干旱地区经济社会发展的用水新路，在更新灌溉用水设施提高水资源利用效率保障农户灌溉用水的同时，促进了经济发展，为黄河中下游生态环境保护作出巨大贡献。

（2）地方政府回购农用水权模式

①地方政府回购农用水权模式的内涵。地方政府回购农用水权是为了激励农户节水或保障稳定持续给其他行业供水。政府、灌区管理机构或政府部门组建的水权收储机构对分散的农户节余用水权进行收集、购买与存储，实现对小规模、零星、分散化农用水权的集中回购，并借助当地的水利设施进行收储的行为，对于调节农用水资源时空分布差异、水权交易价格异常波动、促进农业节水、实现节余农用水权的规模化交易具有重要意义。

②地方政府回购农用水权模式的应用背景。地方政府回购是对零散的农用水权进行回购，适用于确权到村级或用水协会层面。灌区内村镇集体和用水协会众多，地方工业企业数量多、规模较小，难以形成对灌区的投资一致行动，工业企业回购的难度较大。但当地的基层组织较为完善，农户的灌溉行为和节水行为受到村"两委"或用水协会的统一安排，实行地方政府回购农户的零散水权，能够促进农户节水。地方政府回购农用水权的本质是政府部门通过行政手段对农业中分散和零星的节余用水权进行回购，收储的水权可以用于区域间、行业间交易，是农用水权从农业部门向政府部门转移的过程，为实施"农户+地方政府回购""农户+农民用水协会"两种规模化交易提供保障。

③地方政府回购农用水权的流程。地方政府（村、乡镇）实地调查农户的确权程度、种植作物、灌溉用水、节水灌溉设备、计量设备和水利基础设施等情况，评估用水情况和预测节水规模，成立水权收储转让中心。利用水权收储转让中心募集的专项资金对农户的节水灌溉设施进行改进，对输水等水利基础设施进行维修与更新。水权收储转让中心通过村"两委"或用水协

会走访当地农户，动员农户实施节水灌溉，积极参与地方政府的水权回购项目。水权收储和转让中心与村委签订水权回购合约，并按照合约进行水资源的实物交割或水权交割，由村"两委"或用水协会对农户的节水行为进行监督。村级收储转让中心利用村中水库及储水设施进行一级收储，并视当地其他行业的用水需求进行水权交易，或将节余水量利用输水管道上缴上级水权收储转让中心进行二级收储，具体流程如图7.3所示。

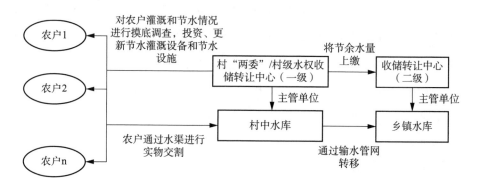

图7.3　地方政府回购水权流程

④地方政府回购水权模式的实践。宁夏回族自治区彭阳县政府水权回购，是地方政府回购水权的一个典型案例。彭阳县通过对农业、工业和企业的用水摸底调查、用水测算和用水权确权工作，对农业、工业、养殖业办理水权确权证书162个，包括152个用水权证和10个取水权许可证，在此基础上，进一步开展农用水权收储工作。彭阳县的水权收储主体为县人民政府总体负责，县级主管单位和村"两委"负责对收储指标的认定、收储和处置工作，回购和收储的水权包括政府投资实施节水工程节余的水权、因城镇扩建等而闲置的水权、取得取水证的农户节水改造富余的水权、迁出本县管理范围农户的用水权和因为产业调整而取消的用水权。彭阳县地方政府回购水权的举措，推进了当地水资源确权的工作，重新精准度量农户的灌溉面积、更新完善水利设施建设，促进了农业和其他产业的协调发展。

（3）"水银行"收储农用水权模式

①"水银行"收储模式的内涵。"水银行"以水资源或水权为经营对象，使用企业化的运作方式，以调水成本、水资源紧缺程度以及地方经济发展水平作为利率浮动的因素，开展水资源或水权的收储和转让。根据收储对象不同可将"水银行"分为省级层面收储和乡镇层面收储。

②"水银行"收储模式的应用背景。"水银行"收储模式适用于流域水权或水库水权，适用的背景是地方建有较为完善的水利设施、水库，具备地表水存储和用水调配的基础。借助"南水北调""小浪底"等水利工程建设，实现同一流域、不同区域、跨流域的交易，为实施"全国性农用水权匹配"规模化交易提供保障。

③"水银行"收储农用水权的流程。当地政府（乡镇、市）评估当地灌区用水情况和预计节水规模，根据实际农用水权确权程度成立"水银行"，租赁水库或储水设施进行地表水或地下水储存。"水银行"以同一流域的用水协会、村集体内部的水权为主要收储对象，对当地用水协会和村集体成员的用水情况进行实地考察并评估可能的节水规模，吸收成为"水银行"成员，测算对当地用水协会和村集体节水改造和水利基础设施的投资成本，考察进行收储是否会给调水工程或下游用水户造成影响或损害。用水协会或村集体需要考察成员的节水情况和预计节水规模，参与当地"水银行"的会员招募，动员会员进行节水灌溉，参与"水银行"收储，并接受"水银行"对用水协会和村集体的节水改造与水利基础设施建设，按照合约规定，在既定时间、地点与"水银行"进行实物或水权交割。具体流程如图7.4所示。

④"水银行"收储模式的实践。新疆维吾尔自治区昌吉回族自治州木垒哈萨克自治县依托木垒河灌区水库建立了"水银行"，规定每轮农作物灌水后的节余定额水量指标不作废，可以存在"水银行"，在作物需水时提取灌溉；还可以使用存在"水银行"的节余水量进行水权交易。据木垒哈萨克自治县水利局统计，2021 年木垒河灌区"水银行"已回购 5.5 万立方米水资源，交

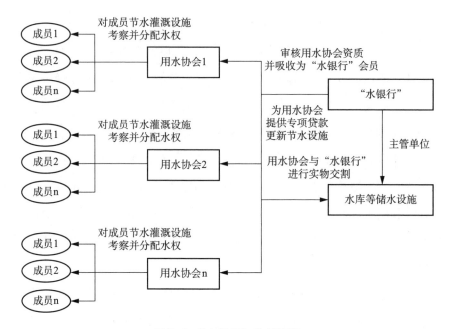

图 7.4 "水银行"收储流程

易 4.86 万立方米。木垒哈萨克自治县是水资源匮乏县，年均降雨量只有 300 毫米左右，蒸发量却高达 2000 毫米以上。通过建立"水银行"，强化了水资源集约节约利用，提高了水资源的利用效率，通过对农户节余水权的收储，提高了农户的收入，促进了水资源的规模化交易；为更大范围的"水银行"收储提供了经验，也为"水银行"进行"全国性水权匹配"规模化交易奠定了基础。

7.2 农用水权规模化交易的监管机制分析

7.2.1 对"农户+用水大户投资农业节水"交易模式的监管

工业企业等用水大户投资农业节水中的主体有农户、灌区、需水企业、施工单位、相关部门，农户和灌区是工业企业投资农业节水的最直接受益者，能够利用工业企业投资，更新水利基础设施和节水设施，所以可能存在农户和灌区为自身利益而谎报可节水规模，以达到吸引需水企业投资的目的，结果相应水利建设完成后却达不到预计的节水规模，导致政府信誉受损，需水企业经济受损等问题。另外，相关部门对需水企业进行招标时，可能会发生寻租行为，真正需水的企业不能获得投资建设的机会，而进行寻租的企业获得投资农业节水的项目和购买农业节余水权的权利，成为地方水权交易市场唯一的水权供给方，通过哄抬水权价格，获得超额收益，使其余的需水企业收益受损。由于水利基础设施的使用周期较长，对质量的要求较高，施工单位可能会在施工过程中偷工减料、挪用工程款，存在项目烂尾的风险。工程建成后，水利设施运行维护和更新改造可能会出现责任不清的现象，需要进行严格监管。

在交易主体方面，地方政府应该邀请权威的第三方机构对灌区和农户的节水潜力进行评估，并撰写工业企业投资农业节水的可行性报告，然后进行公开招标，招标的过程须全程公开，并将资料留存。中标企业根据自身需水量及水权市场发展前景，对灌区和农户的水利基础设施和节水设施进行改造。中标企业公开招标施工单位，工业企业、地方政府、灌区对施工单位进行监督，施工单位对水利基础设施实施终身责任制，需水工业企业在银行开设专门账户对施工单位的资金进行保管，防止工程出现烂尾。地方政府对农户与需水企业的水权价格进行干预，水权交易价格需要体现生态补偿、必要的经济补偿和第三方影响，投资的需水企业与其他未投资的需水企业进行水权交易时，水权价格应根据市场的供求产生变化，但仍需对水权交易价格进行监管，设置最高限价。在工业企业投资农业节水过程的三方监管中，政府监管需要设立专门的投资招标部门，对工业企业投资农业节水过程进行全程监督，防止出现工程烂尾、偷工减料的现象。自律监管是指工业企业建立纪委组织，防止工业企业在招标过程中和水权交易过程中发生利益输送的现象，监督施工单位的施工过程和施工后的质量验收。公众监督是指当农户和灌区发现水利设施和节水设施的质量问题，以及工业企业在收水过程中刻意压低回收价格，使水权交易价格远低于基准价格的行为，都可以向有关部门进行举报，通过媒体进行曝光。其他的需水企业与工业企业进行水权交易时，发现水权交易价格远高于水权交易基准价格时，也可以进行举报和曝光。

7.2.2 对"农户+地方政府回购"和"农户+农民用水协会"交易模式的监管

地方政府或农民用水协会对农户的节余水权进行回购的交易模式涉及的主体有农户、灌区、地方政府或农民用水协会、需水企业，这种模式是由地方政府或农民用水协会主导的，所以政府在水权收储过程中容易产生腐败行为，如在收储过程中对部分收储水量进行瞒报，将瞒报的水权进行私自处理，给地方政府和农户造成财产损失。对地方政府收储模式而言，地方政府成为水权交易市场最大的供给者，容易形成垄断地位，从而造成价格的扭曲。同时，地方政府既是水权交易的参与者，又是监督者，对水权交易市场的公信力造成影响，需水企业与地方政府进行水权交易的过程中遇到问题，维权困难。

在交易主体方面，地方政府需要主导成立专门的水权收储转让中心，负责农户节余水权的收储工作，水权收储转让中心通过引入民间资本，获得群众的监督，防止水权收储中心的腐败现象，同时有助于增加水权交易过程的公信力。水权收储转让中心为防止虚报、瞒报水权收储量的行为，需要推进对数字化计量设施的建设，引用区块链技术，将每一级的收储数据上传区块链节点，防止出现修改数据的行为。水权收储转让中心对农户的收购价格需要体现生态补偿和经济价值，不能以农户购水价格为标准进行回购。当水权价格远低于基准价格时，农户有权拒绝参与回购，并向地方政府进行投诉。水权收储转让中心与需水企业进行水权交易时，若发现水价过高的现象，需水企业可向地方政府进行投诉和曝光。在政府监管方面，不定时对水权收储转让中心进行监督审查，防止出现腐败行为和寻租行为，对农户和灌区进行节水监督。在自律监管方面，水权收储转让中心成立纪委督查机构，对水权的收储和水权交易进行持续检查，防止出现寻租行为，保障收储和交易的效率。在公众监督方面，农户主要监督收储的价格，以及村"两委"和农民用水协会是否准确上缴收储水量。

7.2.3 对"全国性农用水权匹配"交易模式的监管

全国性农用水权匹配交易模式是依据国家《水法》《取水许可和水资源费征收管理条例》等相关行政法规，借助中国水权交易所平台，为不同流域、不同省份的水权供给和需求搭建信息匹配平台，以此推动跨流域、跨界区域等大规模水权交易的实施。在交易主体方面，实行会员准入核查制度，对加入中国水权交易所的水权许可证、水质证明、水源地证明进行电子留档，农户的取水许可证、水质和水源地发生变化时，应主动向交易所报备，交易所对农户的相关信息实行每三年全面审查一次和不定时抽检，若发生留档信息与实际信息不符合的现象需进行记录和处罚。对需水企业而言，需要重点对用水用途进行监督，完善输水管道数字化建设，对关键节点数据实时监控并上传区块链节点，防止企业私自更改用水途径。对此类交易实施政府监管、自律监管、公众监督。在政府监管方面，由政府设置专门的监督机构对交易所的日常经营活动进行监督，对不合规项目进行及时取缔，对腐败行为及时查处。在自律监管方面，由交易所内部设置纪委机构监管，依据法律建立内部的规章制度，并严格执行，对"水银行"的存贷业务进行内部资料审核，严格审查担保品是否符合规定，对工作人员的操作规范、行为检查、道德风尚进行监管，通过自身监管来规避风险，规范经营。在公众监督方面，公众监督的成本低、周期长、实时性强，范围大、方式多样化、灵活性高，在水权交易过程中，每一个参与者都是监督者，发现问题可以及时利用社交媒体、信访等措施进行反馈和举报，公众监督是交易所运作过程中必不可少的方面。

第 8 章

农用水权规模化交易的
引致效应分析

根据前文提出的农用水权规模化交易的收储机制、交易机制和监管机制，研究农用水权规模化交易可能产生的引致效应，以分析规模化交易机制的有效性问题。由于农用水权规模化交易机制是一个受到多重因素影响的复杂系统，并且目前水权交易仅在部分试点省市中开展，可获得的数据量较少，难以对交易机制和产生的效应进行标准量化，而系统动力学以反馈控制理论为基础，以计算机仿真为手段，能有效结合定量和定性分析，深入研究复杂系统中的信息反馈行为，能够较好地从系统整体出发，在系统内部寻找与研究相关的因素。目前系统动力学模型已经应用于多种机制研究中，何力（2010）利用系统动力学模型对天津市的节水激励机制进行仿真并提出相应的节水建议；张俊荣等（2016）使用系统动力学方法研究了京津冀地区的碳排放政策对碳排放的影响；张一文等（2010）则利用系统动力学模型构建了应对网络舆情与非常规事件的方案等。因此，在农用水权规模化交易引致的效应分析中，引入非线性、多重反馈的系统动力学模型（SD），对农用水权规模化交易产生的效应进行实证研究。由于河南省是国家第一批水权试点省份，并且河南省水权收储转让中心是国内第二家省级水权收储转让平台，取水权交易规模较大，在农用水权确权和水权交易方面发展较为成熟，故将河南省作为实验组，选取灌溉习惯、种植作物以及人口较为相似的浙江省和江苏省作为参照，运用 Vensim 软件对河南省、江苏省和浙江省的农用水权规模化交易的引致效应进行仿真分析。

8.1 机理分析与研究假设

农用水权规模化交易机制包括分散水权的收储、规模化交易和水权交易监管三方面。农用水权规模化交易可能引致的效应表现为：一是能够促进农户因节水、高效用水而产生的激励效应；二是能够促进水资源在行业、部门间流动对水资源优化配置产生的溢出效应；三是缓解缺水部门用水短缺困境从而促进区域经济发展的拉平效应；四是水资源稀缺性增强、农户惜售可能产生的禀赋效应。因此，分析农用水权规模化交易的引致效应，需要研究农用水权的收储、规模化交易和监管三个机制是否会产生激励效应、溢出效应、拉平效应及禀赋效应，以及各效应的影响路径。

首先，目前发生的农用水权交易大多是农户将节余的农用水资源向工业等非农部门或行业转移的过程。理论上，农户会由于出售节余农用水权而获利；在现实中，受农业生产结构、人均耕地面积少等因素影响，单个农户每年的节余水量低，当期进行农用水权交易的成本远高于收益。受储存条件的制约，农户难以享有节余水权的剩余索取权，农户会放弃交易，导致农户节水的积极性不高。但农用水权规模化交易机制构建的"工业企业回收农用水权""地方政府回购农用水权""水银行收储农用水权"三种节余水权的回购和收储机制，能够将多个农户多年的节余水权进行集中收储，利用"农户+用水大户投资农业节水""农户+地方政府回购""农户+农民用水协会""全国性农用水权匹配""农用水权期权"五种交易模式的规模优势，极大降低单位农用水权的交易成本。当水权交易的收益高于平均成本时，水权交易能够发生，农户有节水并进行出售的意愿，据此提出假设1。

H1：农用水权规模化交易机制能够产生农户节水的激励效应。

其次，"农户+用水大户投资农业节水""农户+地方政府回购""农户+

农民用水协会""全国性农用水权匹配""农用水权期权"五种规模化交易模式中，不管是工业企业等用水大户直接投资农业节水以获取节余水权，抑或是地方政府或农民用水协会等作为农户代表与水权购买方进行谈判交易，水权购买者一般为缺水的非农部门或行业。农用水权规模化交易可以促进水资源在不同行业、部门间流动，是对水资源的再配置，据此提出假设 2。

H2：农用水权规模化交易机制能促进水资源在行业、部门间流动，对水资源优化配置产生溢出效应。

再次，在同一区域内部，农用水权交易的直接影响体现在农用水作为自然资源本身的效率方面，一是能够促进农业节水和高效用水，二是水资源"农转非"这类水权交易，本质上是水资源由农业向工业等非农部门的流动，是对这一地区水资源的优化配置。在不同地区之间，由于水资源禀赋不同，富水地区存在大水漫灌等水资源浪费现象，而缺水地区的很多工业企业新上项目因缺少用水指标而无法落地。缺水地区的工业部门利用"农户+用水大户投资农业节水""全国性农用水权匹配"等规模化交易获取所需的水权，缺水地区的工业项目顺利实施，促进了本地区第二产业及整个区域的经济发展，缩小了该地区与其他地区的发展差距。因此，农用水权规模化交易机制能够促进水资源在不同区域间的流动，进而促进区域经济发展，据此提出假设 3。

H3：农用水权规模化交易具有促进区域经济发展的拉平效应。

最后，农户拥有农用水资源的使用权，是基于其作为农村集体成员而被赋予的权利，具有较强的身份属性，因此，农用水权是具有典型性的人格化财产。随着水资源稀缺程度的提高，农用水权的禀赋效应愈加显著。农用水权的禀赋效应是指与得到水权所愿意支付的价格相比较，农户出让该水权所要求的价格更高，也就是农用水权作为农户拥有的财产，往往倾向给予它更高的价值评价。农用水权规模化交易会进一步体现水资源的稀缺价值，农户的意愿售价要高于意愿购买价格，此时，农户产生惜售现象。因此，农用水权禀赋效应的存在会抑制潜在交易，据此提出假设 4。

H4：农用水权规模化交易可能会出现抑制水权流转的禀赋效应。

由于存在部分数据无法获取的情况，所以对模型中难以估量的数据和无法获取的数据采取问卷调查、调查走访、专家打分的方式进行，据此提出假设5。

H5：模型中难以估量的因素可以通过问卷调查、调查走访、专家打分等科学方式进行。

由于水权交易并不是进行一次就结束，每一次进行的结果都是下一次进行的前提。所以，水权规模化交易是一个动态过程，据此提出假设6。

H6：农用水权规模化交易是一个持续运行的动态过程，模型内各要素互动反馈，推动系统发展。

在现实中，水权交易不仅受到系统边界内部因素的影响，也会受到系统边界外部的影响，如政策改变、洪涝灾害和严重干旱等，外部的条件会导致模型受到冲击干扰和系统崩溃。所以，假设模型只受到系统边界内部因素的影响，据此提出假设7。

H7：模型只受到系统边界内部因素的影响，不考虑系统外部因素（如突发事件）导致模型受到冲击干扰和系统崩溃。

8.2　模型构建

8.2.1　参数设定及数据说明

基于农用水权规模化交易具有非线性、复杂性及动态性的特征，在量化影响因素方面具有一定的理论性、宽泛性和地域性差异，具体实施过程中难以通过单一的调查问卷或统计数据获得。同时，系统动力学更侧重于系统各要素间的相互关系及动态变化过程。因此，本书对农用水权领域的部分数据采取专家访谈的方式对参数进行初始赋值。

收储机制是经政府批准的专门机构或政府公开招标的企业对农户的节余、

零散水权进行收储的行为。水权回收和储备是以水库、湖泊、水利设施为载体，缺水工业企业是农用水权的主要需求方，工业发展水平也会影响农用水权的收储，用水协会和水权收储转让中心是实施农用水权收储的主体。因此，农用水权收储的能力取决于地方水库数量、农民用水协会数量、水权收储转让中心数量和工业发展水平。农用水权收储机制方程设计为：

$$0.02×工业发展水平+0.28×水库数量+0.2×农民用水协会数量+$$
$$0.4×水权收储转让中心数量 \tag{8.1}$$

交易机制是采取农民用水协会、地方政府回购等方式进行交易的行为。实际发生的规模化水权交易数表示交易机制的作用，农民用水协会能够保障交易机制顺利实施。因此，农用水权交易机制主要以农民用水协会的数量和实际发生的水权交易来衡量。农用水权规模化交易机制方程设计为：

$$0.4×农民用水协会数量+0.6×实际发生的规模化水权交易量 \tag{8.2}$$

监管机制是政府机构直接干预水权市场配置机制的特殊行为，监管机制作为政策变量，在一定程度上，政府的水权发文数量能够反映其完善程度与水平，水利厅从业人员数量体现出水权交易的监管力度。农用水权监管机制方程设计为：

$$0.5×政府的水权发文数量+0.5×水利厅从业人员数量 \tag{8.3}$$

农用水权交易量与收储机制、交易机制、监管机制、地方工业发展和农业发展相关。增加收储、扩展交易渠道、加强监管均能够降低农用水权交易成本，扩大水权交易量。地方工业发展会增加对农用水权的需求，进而提高水权交易量，而农业扩张则会降低农用水权的供给水平。农用水权交易量方程设计为：

$$0.3×收储机制+0.2×交易机制+0.3×监管机制+0.1×工业发展-0.1×农业发展 \tag{8.4}$$

农业技术水平与农业总产值和农业从业人员有关。农业总产值越高，农业技术水平越高；农业从业人员越少，表示规模化种植及机械化程度越高，农业技术水平越高。农业技术水平方程设计为：

农业总产值/农业从业人员数量　　　　　　　　　(8.5)

工业技术水平与工业总产值和相关专利数量有关。工业总产值越高，工业技术水平越高；相关专利数量越多，工业技术水平越高。工业技术水平方程设计为：

0.1×工业总产值+工业专利数量　　　　　　　　　(8.6)

农用水权确权水平与省政府对农用水权的重视程度和农业技术水平有关。政府对农用水权越重视，政府关于水权发文数量越高；由于农用水权确权需要更新计量设施、水利基础设施等，所以农业技术水平越高，农用水权确权水平越高。农用水权确权水平方程设计为：

0.5×政府的水权发文数量+0.5×农业技术水平　　　(8.7)

农业发展与农业用水量、农业技术水平、农业从业人员数量和水权交易量有关。农业用水量、农业技术水平、农业从业人员数量与农业发展呈正相关关系，而水权交易量越多，代表未来可用于农业的水量越少。农业发展方程设计为：

0.2×农业用水量+0.3×农业技术水平+0.5×农业从业人员数量−

0.1×水权交易量　　　　　　　　　(8.8)

工业发展与水权交易量、工业用水量、工业从业人员数量和工业技术水平有关。水权交易量、工业用水量、工业从业人员数量、工业技术水平均与工业发展呈正相关关系。工业发展方程设计为：

0.1×水权交易量+0.1×工业用水量+0.4×工业从业人员数量+

0.4×工业技术水平　　　　　　　　　(8.9)

激励效应是水权交易能够促进农户节约用水和高效节水的结果。激励效应与水权交易量、节水灌溉面积和灌溉水利用系数有关。农户持续进行水权交易的前提是水权交易能够给农户带来收益，水权交易量越大，对农户的激励效应越强；农户的节水灌溉面积和灌溉水利用系数提高都能增加农户的节余水量，有出售换取收益的预期。激励效应的方程设计为：

0.1×水权交易量+0.1×节水灌溉面积+0.8×灌溉水利用系数　(8.10)

溢出效应是指同一区域内部水资源从农业部门向工业部门的流转，解决当地工业用水短缺问题，实现水资源的优化配置，进一步优化当地产业结构，所以选取当地工业发展与农业发展的比值来衡量溢出效应。溢出效应的方程设计为：

$$当地工业发展水平/当地农业发展水平 \tag{8.11}$$

拉平效应是指农用水权规模化交易能够促进水资源在不同区域间的流动，缩小该地区与其他地区的发展差距。通过该省的水权交易改变周围省份的产业结构，促进区域经济发展，所以选取周围省份的工业发展与农业发展的比值来衡量拉平效应。拉平效应的方程设计为：

$$周围地区工业发展水平/周围地区农业发展水平 \tag{8.12}$$

禀赋效应是由于水权交易增加，水权的稀缺性增加，可能会给农户带来惜售的现象，所以选取预计节水量和水权交易量两方面进行衡量，预计节水量与水权交易量的差值越小，代表剩余水权越低，水权的稀缺程度越高。禀赋效应的方程设计为：

$$预计节水量-水权交易量 \tag{8.13}$$

以上变量中的农业总产值、工业总产值数据来自《中国统计年鉴》，灌溉面积、节水灌溉面积、水库数量、农民用水协会数量、灌溉水利用系数来源于《中国水利统计年鉴》，实际发生的规模化水权交易量来自中国水权交易所，农业从业人员数量、工业从业人员数量和水利从业人员数量来源于《中国劳动统计年鉴》，政府的水权发文数量来源于各省政府官网。

8.2.2　系统目标

系统目标是系统要达到预定目的所必须具备的具体指标。以收储机制、交易机制和监管机制为核心的农用水权规模化交易机制研究，系统动力学的目标是对农用水权规模化交易的全部指标进行设定，并对影响其运作过程的关键因素精准识别，为后期农用水权规模化交易提供政策支持。

8.2.3　系统边界

系统边界是指将与研究问题有关的部分全部划入系统中。系统边界影响着系统的结构和内部因素，作为系统动力学建模的关键，需要立足建模目的和研究对象，着重关注核心问题。本部分以农用水权规模化交易机制为研究对象，对规模化交易的收储机制、交易机制和监管机制三个方面的相关研究因素，以及规模化交易所引致的效应进行了深入研究。因此，将农用水权规模化交易所导致的节水灌溉面积、水权交易量作为激励效应的系统边界，将工业发展与农业发展作为溢出效应和拉平效应的系统边界，将水权交易量与农户节余水量作为禀赋效应的系统边界，具体包含灌溉水资源利用系数、农业发展情况、工业发展情况、水库数量、农民用水协会数量、水权转让中心数量、实际发生的规模化水权交易量、水利厅从业人员数量等因素。

8.2.4　因果回路图

因果回路图是系统动力学模型的逻辑架构，由系统的构成要素及要素间的作用链组成，主要描述对象为系统内的反馈关系。因果回路图能够直观地表示系统内部各要素的反馈情况。本部分在梳理要素间因果关系基础上，对农用水权的收储机制、交易机制和监管机制进行描绘，分别构建出激励效应因果回路图（见图 8.1）、溢出和拉平效应因果回路图（见图 8.2）和禀赋效应因果回路图（见图 8.3）。

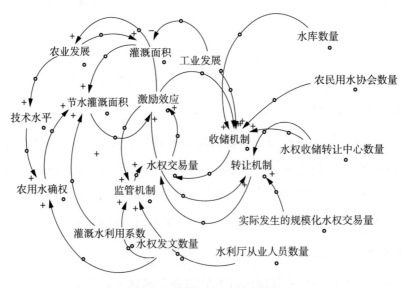

图 8.1　激励效应因果回路图

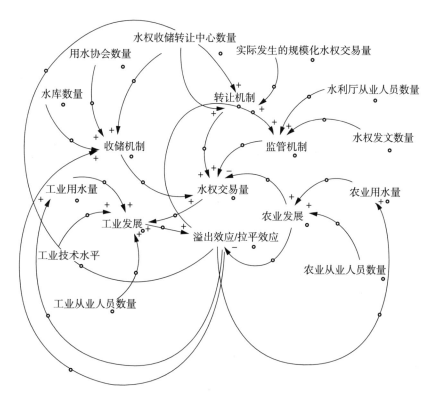

图 8.2　溢出和拉平效应因果回路图

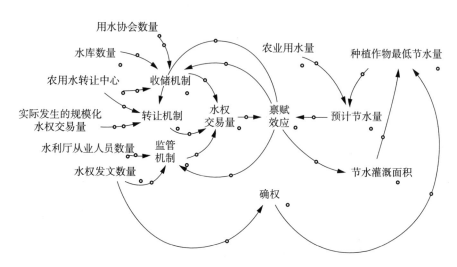

图 8.3　禀赋效应因果回路图

193

　　经过 Vensim PLE 运行，得到激励效应的 5 条正反馈回路，如表 8.1 所示。回路 1 表示随着水资源短缺程度增加及农业生产和灌溉技术水平提高，灌溉计量设施和灌溉计量方式改进，农用水权确权程度提高，农用水产权的排他性有增加趋势，农用水资源的利用效率提高，节水灌溉面积增加，促使农户节水并获得收益，促进了农业发展；回路 2 表示随着农业发展，农业的总灌溉面积增加，并且节水灌溉面积增加，激励效应增加，进而促进了农业发展；回路 3 表示水库数量、农民用水协会数量、水权收储转让中心数量增加，导致对分散、小规模的农用水权的收储水权增加，保障了水权交易的可交易水量，促进水权交易的发生，而水权交易让出售农用水权的农户实现节水收益，从而促使进一步修建水库、成立农民用水协会和水权收储转让中心；回路 4 表示水权收储转让中心数量、实际发生的规模化水权交易数量增加，想要的水权增加，促进了水权交易量增加，同时增加了农户的收益，进而促进成立水权收储转让中心和开展规模化水权交易；回路 5 表示水利厅从业人员数量和政府的水权发文数量增加，对水权交易的监管更加严格，水权交易更加规范，水权交易量增加，农户获得的水权交易收益增加，激励效应增加，农户的正向评价较高，进而促进水利厅从业人员数量和政府的水权发文数量增加。

表 8.1　激励效应的反馈回路

回路序号	回路反馈	回路详情
回路 1	正反馈	农业发展→技术水平→农用水权确权→节水灌溉面积→激励效应→农业发展
回路 2	正反馈	农业发展→灌溉面积→节水灌溉面积→激励效应→农业发展
回路 3	正反馈	收储机制→水权交易量→激励效应→收储机制
回路 4	正反馈	交易机制→水权交易量→激励效应→交易机制
回路 5	正反馈	监管机制→水权交易量→激励效应→监管机制

　　由于溢出效应和拉平效应都使用工业发展情况与农业发展情况进行衡量，所以其因果回路图相同，溢出效应和拉平效应得到 4 条正反馈回路和 1 条负反馈回路，如表 8.2 所示。回路 1 表示工业用水量的增加将保障和促进区域工业发展，该区域工业在 GDP 中的占比提高、工业与农业产值的比重提高，

导致区域总的工业用水量增加；回路 2 表示农业用水量的增加会降低农业发展，农业发展的降低会提高区域工业发展与农业发展的比重，产业结构进一步优化，进而减少农业用水量；回路 3 表示水库数量、农民用水协会数量、水权收储转让中心数量增加，导致相应的农用水权收储水平增加，促进农用水资源从农业向工业转移，工业发展与农业发展的比值增大，产业结构优化，从而进一步增加水库数量、成立农民用水协会和水权收储转让中心；回路 4 表示水权收储转让中心、实际发生的规模化水权交易增加，规模化水权交易模式选择增加，促进水权交易量增加，工业发展与农业发展的比值增大，优化产业结构，进一步促进成立水权收储转让中心和开展规模化水权交易；回路 5 表示水利厅从业人员数量和政府的水权发文数量增加，对水权交易的监管更加严格，水权交易更加规范，水权交易量增加，工业发展与农业发展的比值增大，优化产业结构，进而促进水利厅从业人员数量和政府的水权发文数量增加。

表 8.2　溢出效应和拉平效应的反馈回路

回路序号	回路反馈	回路详情
回路 1	正反馈	工业用水量→工业发展→溢出效应/拉平效应→工业用水量
回路 2	负反馈	农业用水量→农业发展→溢出效应/拉平效应→农业用水量
回路 3	正反馈	收储机制→水权交易量→溢出效应/拉平效应→收储机制
回路 4	正反馈	交易机制→水权交易量→溢出效应/拉平效应→交易机制
回路 5	正反馈	监管机制→水权交易量→溢出效应/拉平效应→监管机制

　　禀赋效应得到 4 条正反馈回路和 1 条负反馈回路，如表 8.3 所示。回路 1 表示节水灌溉面积增加，农户可用于进行水权交易的剩余水权增加，水权的稀缺性下降，禀赋效应下降（当潜在节水量大于水权交易量时，禀赋效应消失），从而导致节水灌溉面积减少；回路 2 表示随着农业发展，农业用水量增加，可节水量下降，禀赋效应增加，从而促进节水灌溉；回路 3 表示水库数量、农民用水协会数量、水权收储转让中心数量增加，导致相应的农用水权收储水平增加，促进农用水资源从农业向工业转移，水权交易量增加，水权

的稀缺性增加，当水权交易量超过潜在节水量时，禀赋效应增加，农户不愿意进行水权交易，由于工业缺水会增加建设水库，增加设立农民用水协会和水权收储转让中心；回路4表示实际发生的规模化水权交易量增加，规模化水权交易模式选择增加，促进农用水资源从农业向工业转移，水权交易量增加，水权的稀缺性增加，当水权交易量超过潜在节水量时，禀赋效应增加，农户不愿意进行水权交易，从而增加水权收储转让中心的数量，开展规模化水权交易；回路5表示水利厅从业人员数量和水权发文数量增加，对水权交易的监管更加严格，水权交易更加规范，水权交易量增加，促进农用水资源向工业转移，水权交易量增加，水权的稀缺性增加，当水权交易量超过潜在节水量时，禀赋效应增加，农户不愿意进行水权交易，相关部门为促进农户进行水权交易，增加水利厅从业人员数量和政府的水权发文数量。

表8.3 禀赋效应的反馈回路

回路序号	回路反馈	回路详情
回路1	负反馈	节水灌溉面积→预计节水量→禀赋效应→节水灌溉面积
回路2	正反馈	农用水量增加→预计节水量→禀赋效应→节水灌溉面积
回路3	正反馈	收储机制→水权交易量→禀赋效应→收储机制
回路4	正反馈	交易机制→水权交易量→禀赋效应→交易机制
回路5	正反馈	监管机制→水权交易量→禀赋效应→监管机制

8.2.5 存量流量图

存量流量图是在因果回路图的基础上进一步区分变量性质，用更加直观的符号刻画出系统要素之间的逻辑关系，明确系统的反馈形式和控制规律的一种表示方法。虽然通过因果回路图明晰了各要素间的逻辑关系及反馈回路，但不能全面揭示系统要素的本质及结构关系，存量流量图具备反映系统中各变量相互作用形式的能力，在对各反馈回路量化后，可建立具有反馈结构的动态系统模型，因此本章综合衡量实践的现实性和数据的科学性，根据因果回路图构建激励效应、溢出或拉平效应和禀赋效应的存量流量图（见图8.4、

图 8.5 和图 8.6）。

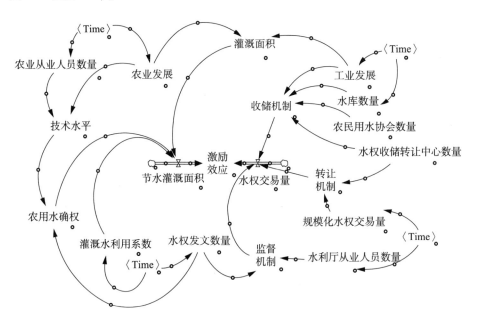

图 8.4　激励效应存量流量图

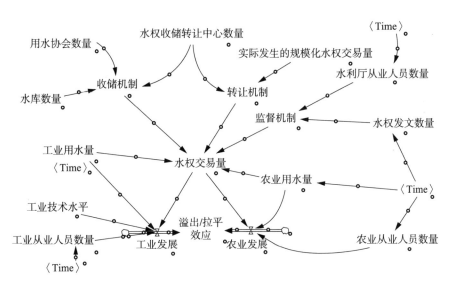

图 8.5　溢出/拉平效应存量流量图

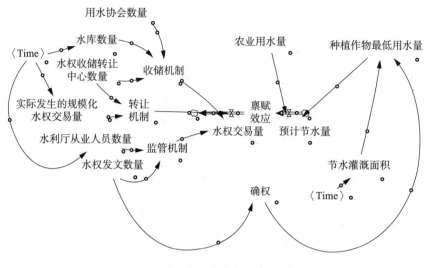

图 8.6　禀赋效应存量流量图

8.3　系统动力学仿真

构建系统动力学模型后，需要根据预设的方程式及参数初始值进行仿真检验，使用 Vensim PLE 软件测试系统动力学模型的仿真结果，分析模拟结果的有效性及合理性，并在此基础上选取主要变量完成灵敏度分析操作，了解农用水权规模化交易机制运行的影响效果。

8.3.1　模型仿真分析

参照相关研究，将仿真时间限定为 7 年，时间步长为 1 年。由于河南省是国家第一批水权试点省份，并且河南省水权收储转让中心是国内第二家省级水权收储转让平台，取水权交易规模较大，在农用水权确权和水权交易方面发展较为成熟，故将河南省作为实验组，选取灌溉习惯、种植作物以及人口较为相似的浙江省和江苏省作为参照，对工业发展、农业发展等主要变量进行观测，上述主要变量在系统中的变化规律，既定参数下模型主要变量仿真结果如下。

从图 8.7 中可以看出，灌溉面积自 2014 年呈现逐步上升的趋势，这与所获得的数据基本吻合。河南省、浙江省和江苏省均为人口大省，对粮食需要量较大，随着近年来中国人口增速放缓，灌溉面积的增速出现了明显的下降。

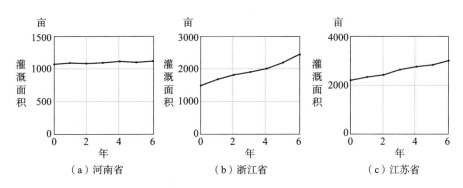

图 8.7　灌溉面积情况仿真结果

从图 8.8 中可以看出，河南省、浙江省、江苏省农用水权确权水平出现了一定幅度的上升，其中河南省是 2014 年成为水权试点地区，农用水权确权水平提升较快，随着农用水权确权水平的进一步推进，确权速度出现下降。浙江省和江苏省农用水权确权水平较高，在开展农用水权确权试点后，江苏省农用水权确权水平也出现了明显上升，说明通过开展农用水权确权试点能够提升自身的农用水权确权水平，并能提高周围省份的农用水权确权水平。浙江省本身的农用水权确权水平就维持在一个较高的水平，将农用水权从乡镇确权到村级，以及从村级确权到户推进较为缓慢，仍有进一步提升农用水权确权水平的潜力。

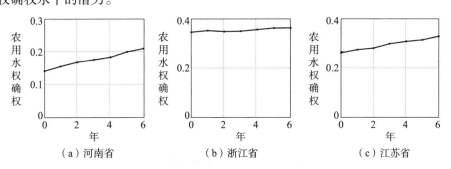

图 8.8　农用水权确权情况仿真结果

从图 8.9 可以看出，河南省、浙江省、江苏省的农用水权收储均呈现上升趋势，在收储初期，由于农户对收储政策不了解或者对工业企业投资、"水银行"等模式较为陌生，仅愿意参与地方政府回购的收储模式，随着农户对收储政策了解的加深，农户参与"水银行"和工业企业投资农业节水的收储模式增多，水权收储能力出现一定的上升。在收储能力上，浙江省最高，河南省最低。由于农用水权收储需要依靠大型水库、水利基础设施和湖泊，浙江省湖泊数量为 4278 个，水库总容量为 445.26 亿立方米，具有较好的收储能力。

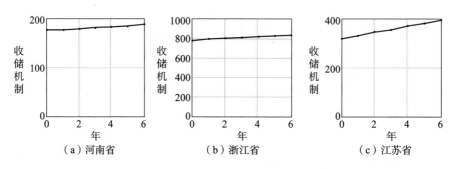

图 8.9　收储机制仿真结果

从图 8.10 可以看出，河南省、浙江省和江苏省交易机制均出现了比较明显的上涨，交易机制与水权收储转让中心数量、农民用水协会数量和水利厅从业人员的数量密切相关，3 个省份的农民用水协会的数量均出现了比较明显的上涨，促进了规模化水权交易的进行。如河南省进行的两次大规模水权交易转让得益于河南省建设省级水权收储转让中心。

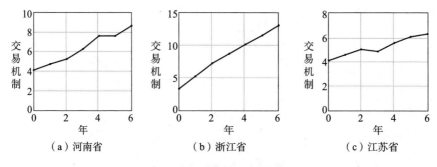

图 8.10　交易机制仿真结果

从图 8.11 可以看出，河南省、浙江省和江苏省对于水权交易的监管力度呈不同程度的上升，水权交易的监管与政府的水权发文数量和水利厅从业人员数量呈正相关关系。随着监管的不断加强，水权交易模式不断趋于完善，为进一步增加水权交易、实施规模化水权交易提供了保障。

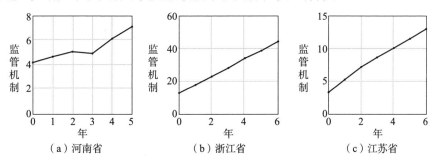

图 8.11　监管机制仿真结果

工业发展受到工业从业人员数量、工业技术水平和工业用水量等因素的影响，从图 8.12 可以看出，河南省、浙江省和江苏省的工业发展均呈稳步上升的趋势。以河南省为例，2016—2018 年，河南省工业发展增长迅速，发生了两笔规模较大的水权交易，分别是 2016 年进行的 2400 吨水权交易和 2017 年进行的 30000 吨水权交易，通过大规模水权交易缓解了河南省工业的用水紧张问题，实现了快速增长。3 个省份的工业发展仿真结果显示，通过开展农用水权确权和水权交易，能缓解工业用水紧张，实现工业发展。

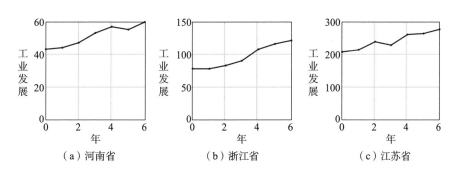

图 8.12　工业发展仿真结果

从图 8.13 可以看出，3 个省份的农业发展均较为平稳，浙江省的农业发展出现小幅下降的趋势，农业发展受到农业从业人员数量、农业用水量、水权交易量的影响。

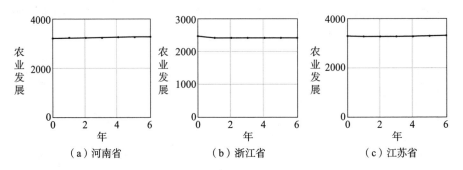

（a）河南省　　　　　　　（b）浙江省　　　　　　　（c）江苏省

图 8.13　农业发展仿真结果

由此可见，灌溉面积、农用水权确权、收储机制、交易机制、监管机制、工业发展、农业发展等关键变量的表现基本符合农用水权规模化交易的现实情况，表明模型能够较为准确地反映农用水权规模化交易机制的运作，对农用水权交易具有一定的借鉴作用。

8.3.2　灵敏度分析

灵敏度分析是通过改变重要变量的参数值来观察模拟结果由此引发的动态变化，从而分析调整的变量对系统的影响及影响程度。在对农用水权规模化交易机制的分析基础上，结合构建的因果回路图和存量流量图，选取收储机制、交易机制和监管机制 3 个主要因素进行灵敏度分析。

激励效应是指通过开展水权交易能够促进农户进行高效节水，从图 8.14可以看出，通过开展水权交易，农户的激励效应呈逐步增加的趋势。将收储机制的参数值分别设为 1、2、4，得到 3 条模拟曲线，对仿真结果进行比较分析得出，通过加大对农用水权的收储，对农户的节水激励有明显的正向促进作用。收储机制对农户节水激励的促进作用由高到低分别是浙江省、江苏省和河南省，这种促进作用会随着时间的推移而逐步增加，收储机制需要依靠水库、水权收储转让中心、农民用水协会等中介，所以推动农户的高效节水，应该增加建设水库，建设地方性的水权收储转让中心，完善农民用水协会的建设。

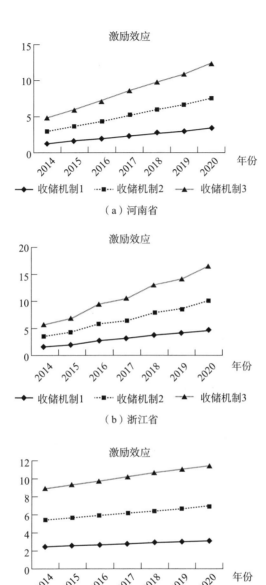

图 8.14　收储机制对激励效应的灵敏度变化

在图 8.15 中，将交易机制的参数值分别设为 1、2、4，得到 3 条模拟曲线，可以看出，随着交易机制的完善，水权的激励效应均出现了较为明显的增加。目前较为常用的方式为农民用水协会代表农户进行水权交易或地方政府之间进行水权交易，通过不断引进新的交易方式，如用水大户投资农业节水优先获取农用水权，农户可以使用多渠道、低成本的方式进行水权交易，进而激发农户的节水积极性。

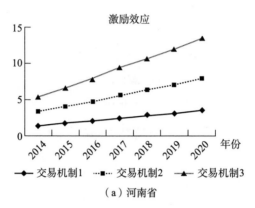

（a）河南省

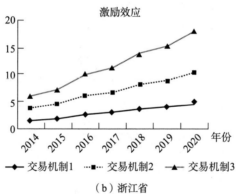

（b）浙江省

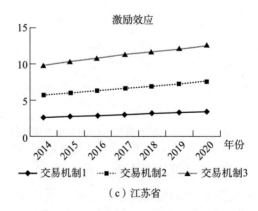

（c）江苏省

图 8.15　交易机制对激励效应的灵敏度变化

在图 8.16 中，将监管机制的参数值分别设为 1、2、4，得到 3 条模拟曲线，对仿真结果进行比较分析得出，监管机制对激励效应具有明显的正向促进作用，通过完善对农用水权交易全流程的监管，有助于减少农户参与农用水权交易的成本，防止出现寻租行为。监管机制与政府的水权发文数量和水利厅从业人员数量等呈正相关关系，所以要想促进农户的高效节水需要增加相关从业人员数量，加大相关新闻的宣传力度，建立长效的水权监督体系。

溢出效应是指通过水权交易将农业用水转变为工业用水，从而带动工业产值的增加和农业产值的减少。工业产值与农业产值的比重增大时存在溢出效应，将收储机制的参数值分别设为 1、2、4，得到 3 条模拟曲线（见图 8.17），对仿真结果进行比较分析得出，通过水权交易，河南省、浙江省和江苏省的溢出效应逐渐增加，即工业与农业的比值增大，并且随着收储机制的增加，溢出效应逐步增加，工业产值与农业产值的比重增大，溢出效应是较为明显的，所以要想提高工业与农业的比值，需要增加对于水权的收储，即需要修建水库，增加水利基础设施建设，设立农民用水协会和水权收储转让中心。

将交易机制的参数值分别设为 1、2、4，得到 3 条模拟曲线（见图 8.18），对仿真结果进行分析比较得出，交易机制对溢出效应具有正向影响，完善交易机制，尤其是扩展工业企业投资农业节水的新型交易方式，有助于促进农业节余水向工业企业流转。

将监管机制的参数值分别设为 1、2、4，得到 3 条模拟曲线（见图 8.19），对仿真结果进行比较分析得出，监管机制的变化对溢出效应有明显的正向影响，逐步增加交易机制，溢出效应的增加值变大，监管机制对于溢出效应的促进作用有较为明显的时滞效应，增加监管机制的后期促进作用要大于增加监管机制的前期。

拉平效应是指缓解缺水部门的用水困境而促进区域经济发展，即该省通过水权交易对周围省份的工业与农业比值的影响。将收储机制的参数值分别设为 1、2、4，得到 3 条模拟曲线（见图 8.20），对仿真结果进行比较分析得出，收储机制对拉平效应具有明显的正向影响。增加自身的收储有助于改变周围省份的工业与农业的产值，这种改变速度相较于溢出效应存在一定的滞后。浙江省增加收储对周围的工业带动幅度较大，原因是浙江省水库、湖泊较多，部分与周围省份共用，进行收储后交易较为方便。

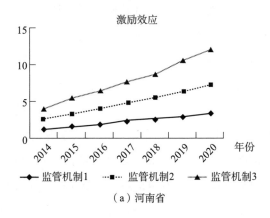

（a）河南省

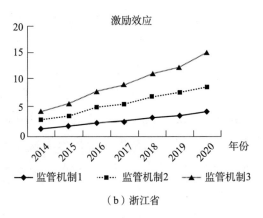

（b）浙江省

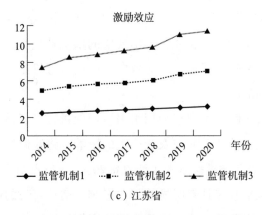

（c）江苏省

图 8.16　监管机制对激励效应的灵敏度变化

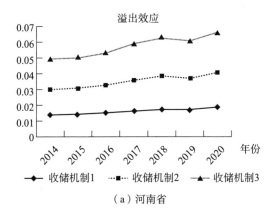

（a）河南省

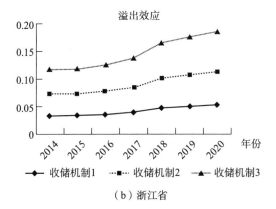

（b）浙江省

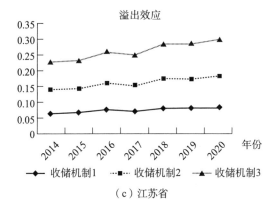

（c）江苏省

图 8.17　收储机制对溢出效应的灵敏度变化

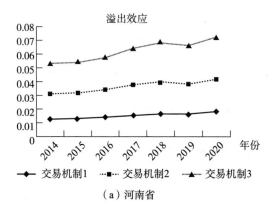

（a）河南省

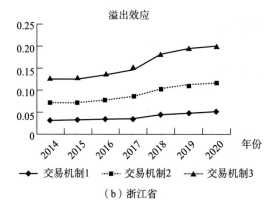

（b）浙江省

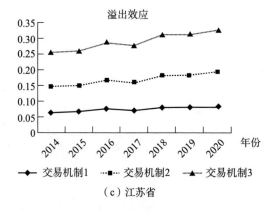

（c）江苏省

图8.18　交易机制对溢出效应的灵敏度变化

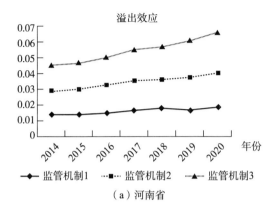

（a）河南省

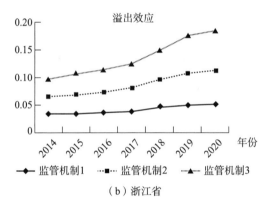

（b）浙江省

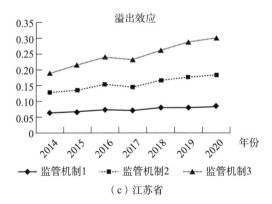

（c）江苏省

图 8.19 监管机制对溢出效应的灵敏度变化

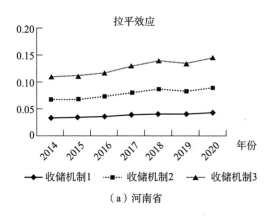

（a）河南省

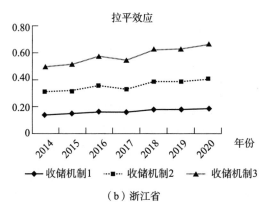

（b）浙江省

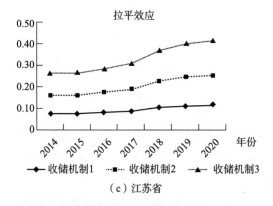

（c）江苏省

图8.20 收储机制对拉平效应的灵敏度变化

将交易机制的参数值分别设为 1、2、4，得到 3 条模拟曲线（见图 8.21），对仿真结果进行比较分析得出，交易机制的变化对拉平效应有明显的正向影响，逐步增加交易机制，拉平效应的增加值变大。

将监管机制的参数值分别设为 1、2、4，得到 3 条模拟曲线（见图 8.22），对仿真结果进行比较分析得出，监管机制的变化对拉平效应有明显的正向影响，逐步增加监管机制，拉平效应的增加值变大。在增加监管机制初期，对拉平效果的影响较小，后期逐步增加，说明监管机制对拉平效应存在一定的时滞因素。

禀赋效应是指通过水权交易，使水权的稀缺性上升，农户不愿意进行水权交易，剩余未出售的水权量增多。将收储机制的参数值分别设为 1、2、4，得到 3 条模拟曲线（见图 8.23），对仿真结果进行比较分析，通过加大收储机制，3 个省份均出现了明显的禀赋效应，农户的剩余水权增多，禀赋效应出现上升，随着时间的推移，禀赋效应下降。浙江省的禀赋效应下降较为明显，收储机制对禀赋效应有明显的正向影响，说明越是增加收储，可能越增加农户对水权的惜售。随着时间的推移，禀赋效应出现下降，说明农户的惜售行为并不会给农户带来收益，农户会减少惜售行为。

将交易机制的参数值分别设为 1、2、4，得到 3 条模拟曲线（见图 8.24），对仿真结果进行比较分析得出，增加水权交易机制会增加农户的惜售情绪，但随着时间的推移，禀赋效应会出现一定程度的下降。

将监管机制的参数值分别设为 1、2、4，得到 3 条模拟曲线（见图 8.25），对仿真结果进行比较分析得出，监管机制的变化对禀赋效应具有明显正向促进作用，逐步增加监管机制，禀赋效应增加，说明不断地宣传水权和水权交易等相关内容，农户对其意识增强，会产生惜售的情绪，但随着时间的推移，发现水权交易可以换取收益，积累农用水权不会获得收益，禀赋效应会出现一定程度的下降。

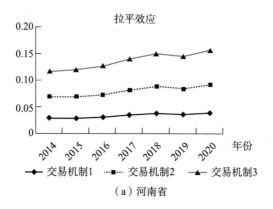

（a）河南省

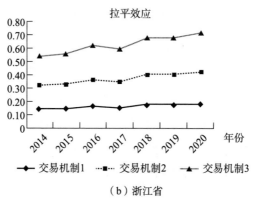

（b）浙江省

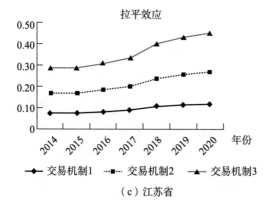

（c）江苏省

图 8.21　交易机制对拉平效应的灵敏度变化

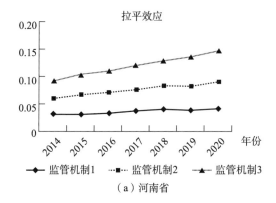

（a）河南省

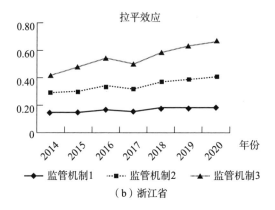

（b）浙江省

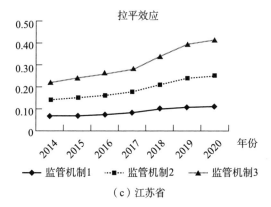

（c）江苏省

图 8.22　监管机制对拉平效应的灵敏度变化

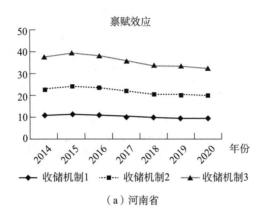

（a）河南省

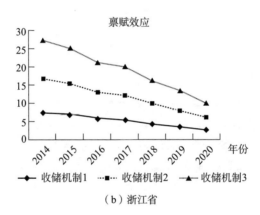

（b）浙江省

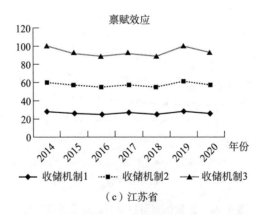

（c）江苏省

图 8.23　收储机制对禀赋效应的灵敏度变化

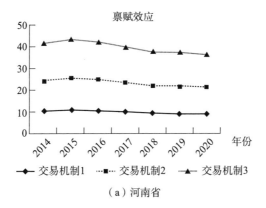

（a）河南省

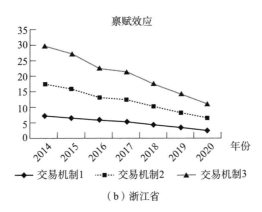

（b）浙江省

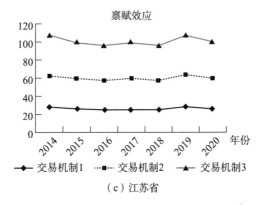

（c）江苏省

图 8.24　交易机制对禀赋效应的灵敏度变化

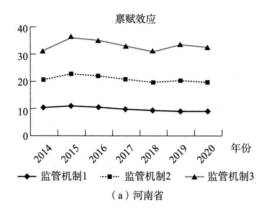

（a）河南省

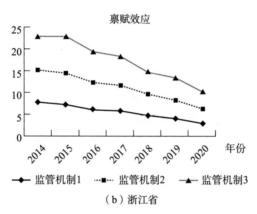

（b）浙江省

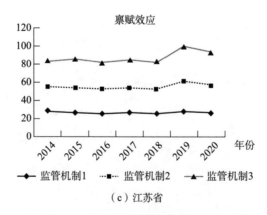

（c）江苏省

图 8.25　监管机制对禀赋效应的灵敏度变化

8.4　结果分析

通过对河南省、浙江省和江苏省不同收储机制、交易机制、监管机制下的激励效应、溢出效应、拉平效应、禀赋效应进行验证，可以得出，增加农用水权的收储、扩展新的交易方式、加强监管、降低农用水权交易成本，能够显著地提高农户的节水和水权交易积极性。增加自身和周围工业与农业的比值，增加农户对农用水权的珍惜程度并形成惜售行为，这种惜售行为会随着时间的推移而降低。收储机制和交易机制对水权交易的影响较为依赖水库、湖泊和水利基础建设，监管机制对激励效应、溢出效应、拉平效应和禀赋效应均存在一定的时滞影响。

8.5　小结

本章通过对构建的规模化交易机制进行验证，使用 Vensim 软件对河南省、浙江省和江苏省的农用水权规模化交易机制进行仿真分析，结果表明，收储机制、交易机制、监管机制均能够有效促进水权交易的进行，并且监管机制对水权交易的促进作用有一定的时滞影响。

第 9 章

推进农用水权确权及
规模化交易的对策

9.1　主要研究结论

（1）农用水权确权到户与规模化交易的关系

确权到户能产生农户节水初始激励，水权交易是实现农户节余水权经济价值的途径，因此，农用水权确权到户与规模化交易的关系表现为：确权是水权交易的前提，确权到户能保障农户水权收益，进而产生农业节水激励，而规模化交易是降低农用水权的交易成本、实现农户节水收益、提高水权收益的有效途径。

（2）农用水权确权对农业节水有激励效应

受历史及分水传统、农用水资源的产权状况、农用水权确权成本高三方面的因素影响，目前农用水权确权状况为：一是农户对水资源确权意愿存在较大差异；二是农用水权的确权程度不高；三是农用水权确权的方式和手段有限制。

本书基于黄河流域9个省份的微观调研数据，进一步研究了农用水权确权、确权程度、灌溉面积等对农户的节水激励，探明了农用水权确权对农户节水的激励及其传导机制。研究发现，农用水权确权通过安全效应、信贷效应和交易效应影响农户节水意愿和意愿节水投资金额。农用水权确权程度的提高会导致农户节水意愿和意愿节水投资金额的增加，对中户和特大户的影响更显著；农户对农用水权抵押贷款的预期会显著增强农户的节水意愿，但对农户意愿节水的投资金额不会产生影响；农户的节水意愿与当地发生的农用水权交易无关，但水权流转程度越高的地区，农户意愿节水的投资金额越高。农用水权确权对农业节水具有激励作用。

（3）农用水权交易的影响因素

本书通过对农用水权交易的历史变迁及动态演进分析，对比国内外水权交易案例，梳理了中国水权交易的发展历程，从早期的水权由政府行政分配和再分配，到买卖双方水权交易的探索、试点，逐渐向市场化转变。在此基础上，考虑水资源禀赋及供需矛盾等因素变化，通过构造层次结构模型，结合因子分析法实证分析了农用水权交易的影响因素。研究发现：一是交易成本、交易方式、交易价格和交易规模的变化对农用水权交易发生与否及转化发挥着重要作用，且四个因素之间存在相互影响的关系；二是交易成本和交易规模是影响农用水权交易的两个最重要因素；三是交易成本中的水权确权系数和水利固定资产投资额对农用水权交易有显著影响；四是交易规模中的农田灌溉水有效利用系数及人均耕地灌溉面积对农用水权交易有显著影响。

（4）农用水权交易规模的均衡分析及规模化交易机制设计

通过构建农用水权交易规模的均衡选择模型，分析了农用水权交易规模的均衡数量。首先，农用水权的交易行为受到水权排他性成本和内部管理成本的双重制约，不能简单认为私有产权就是最有效率的产权结构；其次，农用水资源俱乐部产权的规模由内部管理成本和产权排他成本共同决定；最后，农用水权确权程度也是进行农用水权交易的最佳规模数量，具体化为村集体之间、乡镇之间、县级之间、跨灌区跨流域的水权交易形式。

中国农用水权交易规模选择具有特殊性。在修建灌溉水利工程、全国范围内实施节水等大规模公共物品的供给中，以农户作为产权主体，通过完全竞争的自由市场方式难以实现，需要国家从整个社会动员人力和财力，采取灌区、乡镇等集体行动的方式更为有效，这与欧洲大陆以及美国、澳大利亚等国家有极大区别。具体情形表现为：自然地理、水文环境的复杂性，导致进行水权交易的排他成本高；资源禀赋、农业结构的特殊性，实施农用水权交易的排他成本高且收益少；农用水计量技术和设施的限制性，导致度量成本高，增加了水权排他的难度；制度及历史文化的偏好性，导致水权交易行为对集体行动的选择倾向形成了一种正反馈机制。

探索多种形式的农用水权规模化交易模式。根据上述分析，发展多样化的水权交易制度，选择多层次的农用水权交易规模和多样化交易模式是特定环境约束下交易成本最小化的结果。探索"分散确权、多层次规模化交易"新机制，一是构建多层次、全国性农用水权规模化交易体系，二是拓展农用水权期权交易，为实施规模化水权交易提供了可操作性建议，从不同层次推动农用水权交易和农业节水，改善水资源利用和配置效率。

（5）农用水权期权交易是金融助力绿色发展的新渠道

首先确定了农用水权期权交易的主体和客体，运用方差伽马模型构建农用水权期权定价模型，以中国水权交易所为主，搭建全国综合性的农用水权期权交易平台，并以"总量控制—水量分配—农用水权确认—农用水权期权入市、撮合成交—农用水权期权结算—行权与履约—交割—水市场监管"为主线，构建了"前期准备入市、中期磋商以及后期结算交付"三阶段的农用水权期权交易的运作模式。

基于农用水权期权交易触发这一新视角，构建农业用水者、工业用水者、政府管理部门以及金融机构四方演化博弈模型，运用复制动态方程和 Lyapunov 第一法则定性研究各博弈主体策略选择的稳定性及系统中可能存在的稳定均衡点，探究了水权期权交易的诱发条件及水权期权交易的关键影响因素。结果发现，提高农用水权期权费定价、金融机构降低交易成本、政府管理部门公信力损失风险的增大，以及政府管理部门加大对金融机构经济补贴，会增加农业用水者、工业用水者、政府管理部门以及金融机构参与农用水权期权交易的概率，且 ESS 稳定。

为验证演化稳定性分析的有效性，更直观地展示复制动态系统中关键要素对 ESS 博弈策略演化过程的影响，结合现实情况，将中国水权试点地区内蒙古自治区的水权交易数据模型赋以数值，利用 Matlab2018 对各博弈方的演化轨迹进行数值仿真研究。

（6）农用水权规模化交易的引致效应

农用水权规模化交易机制涉及交易前分散水权收储、规模化交易模式的选择、交易后的监管，这三个机制复杂多变且相互影响，为实证分析农用水权规模化交易产生的效应，引入了非线性、多重反馈的系统动力学模型（SD），深入研究水权交易复杂系统中的信息反馈行为。将农用水权规模化交易所导致的节水灌溉面积、水权交易量作为激励效应的系统边界，将工业发展与农业发展作为溢出效应和拉平效应的系统边界，将水权交易量与农户节余水量作为禀赋效应的系统边界，具体包含灌溉水资源利用系数、农业发展情况、工业发展情况、水库数量、农民用水协会数量、水权转让中心数量、实际发生的规模化水权交易量等因素。运用 Vensim 软件对河南省、江苏省和浙江省的农用水权规模化交易机制进行仿真分析。结果表明，农用水权的收储机制、交易机制、监管机制均能有效促进水权交易的进行。具体表现为：一是能够促进节水、高效用水产生的激励效应；二是能够促进水资源在行业、部门间流动对水资源优化配置产生的溢出效应；三是缓解缺水部门用水短缺困境从而促进区域经济发展的拉平效应；四是水资源稀缺性增强、农户惜售可能产生的禀赋效应，并且监管机制对水权交易的促进作用有一定的时滞影响。

9.2 推进农用水权确权及规模化交易的对策

（1）推进农用水权确权，为水权交易创造条件

农用水资源确权到户是在坚持水资源所有权归国家所有的基础上，通过计算农户的灌溉面积、种植作物等信息将农用水资源的所有权和收益权确权到户（户即家庭，是农村中最基本的生产和消费单位），农用水权确权到户是农村家庭承包制度的扩展和延伸，有助于促进农户节水。目前，农村耕地、草地、林地等资源基本实现确权到户，但水资源的高流动性阻碍了对农用水

资源使用的精准计量，在非计量到户的情况下推进农用水权确权，需要从提高确权意识、完善确权方式等方面进行。

一是提高农用水权的确权意识。提升农用水权确权程度，不仅要在"行为"上确权，更要在"意识"上确权。水资源主管部门通过对村"两委"和农民用水协会的人员培训，普及农业节水和确权政策，重点讲解国家水权试点案例，村"两委"和农民用水协会再对村民和成员进行培训和推广。水资源主管部门可不定时对村民进行随机抽检，让农户真正理解农用水权确权、接受确权和推广确权。

二是因地制宜探索多种形式的确权方式。提高农用水权确权程度，在有条件的地区推进确权到户，确权到户不等于计量到户。计量到户是利用配套水闸和机械水表的方式对水资源使用量精准度量，但这些设施与技术易受到断面不稳定、回水、冬季冻胀、水里富含砂粒等影响，尤其是对黄河泥沙输送量大、含沙量高的河流，水表极易损坏，并且配套水闸和机械水表不仅需要单个安装在田间地头，同时需要建设水库、河流与灌区之间的水网管道，建设成本巨大，导致计量难度增加和精度不够。而确权到户是根据灌溉面积、种植作物、家庭人数、节水设备等情况对农用水权进行初始分配、发放水权证，并将农户上述信息记录到水权证。对农用水权的使用量测度可根据实际情况选择适合的方式，如借助灌溉用电量和灌溉时间等计量，方式更灵活、简单，且成本较低。

三是实施农用水权确权登记。计算农业灌溉可分配水权量，首先在保障生态用水的基础上，对有取水证的灌区或组织实行分步取水，先确定灌区的取水权，再确定农户或个体的用水权。在取水方面，通过亩均灌溉定额和灌溉面积计算总确权量，将取水单位、取水量、用途、水利基础设施的产权和其他权利义务进行详细记录；在用水方面，现阶段中国的农用水权确权仍以灌溉面积为基础，以"水随地走，以亩定水"为原则，依法核定农户的灌溉面积，以种植作物、作物的净灌溉定额、作物的面积比例、水资源利用系数进行定额。对于每个灌溉区，设立"标准田"，根据标准田的用水情况计算亩均定额并进行确权。将农户、种植作物、用水量、计量方式（灌溉管道、机械水表、水电折算、灌溉时间）等确权信息，经过各乡镇、农民用水协会公示后，由各县（区）人民政府审定后批复，水权证书应由各省水利厅制定统一的格式范本，由各县（区）水行政部门填写后，经县（区）人民政府盖章发放。

（2）挖掘农业节水潜力，为水权规模化交易创造基础

提高农用水资源利用效率的途径，是让农户可以切实享受到节水带来的红利，从而激发节水动力，从过去的"要我节水"转变为"我要节水"。

一是继续提高农田灌溉水有效利用系数以实现农业节水。大力支持科技创新，开发水资源的计量、储运技术。积极推进农业取水的监控及统计工作，强化水资源监控能力以及科技支撑能力。具体可通过转变传统的高耗水灌溉方式，对农业用水实施监控、计量、统计及考核。大力推进节水改造工程项目，完善农田灌溉节水减排系统，减少渗水、漏水及蒸发损失，继续提高农田灌溉水有效利用系数，增加可用于水权交易的节余水量。

二是拓宽水利设施的投融资渠道以增加水利资产投入。加强水利基础设施建设，提高其储水能力、运输效率和确权条件，增强水资源调配的灵活性，为农用水权交易提供设施保障。但由于水利设施具有很强的公共物品属性，以往的水利投资对象主要是政府部门，投资力度受制于地方财政状况，通过发挥利益导向机制，增加社会资本进入等多种途径，以有效拓宽水利项目投融资渠道。如新疆、甘肃、云南、四川等省份工业用水需求高、工业用水效率高，通过与当地用水工业企业签订长期水权交易合同，借助社会资本来拓宽水利项目的投融资渠道，减轻政府的财政压力，提高水利固定资产的投资额。

三是对农用水权抵押贷款精准补贴，简化贷款步骤，促进农户通过抵押贷款获取节水设施的资金。设立农用水权贷款基金会，一方面对定额内用水农户进行精准贷款利率补贴，给予农用水权抵押贷款扶持，保证其资金是流向节水设施购买、使用方面，对更新农用水权证书的农户给予贷款利率优惠，

给予贫困户一定的免息贷款服务；另一方面对节水农户实行节水量差额补贴制度，利用助农专项贷款设置农户贷款专用通道，简化农用水权抵押贷款程序。

（3）探索"规模化交易"水权流转新形式

国际上盛行的农户间市场化的水权交易形式，有效推动了水权市场的发展，在很大程度上缓解了用水矛盾。在中国，农户拥有的水权存在数量少的特点，农户间小规模、分散化的农用水权交易形式面临着高昂的交易成本，以及水权交易收益低且无保障的问题。在充分考虑中国水资源禀赋、分水传统及小农户经营等特定国情后，因地制宜探索适合中国的农用水权交易机制，如各级政府对农户分散的水权进行回购，借助农民用水协会，开展"农户+农民用水协会"等多种联合方式，进行规模化、集中性交易，从而大大降低交易成本，促成农用水权交易，实现水资源的有效分配。

模式一："农户+农民用水协会"交易模式。农民用水协会作为用水户的代表，现有主要功能是确立农户用水资格、组织灌溉并对灌溉设施进行维护、参与并协调水权交易等。水权交易作为农民用水协会的延伸功能，"农户+农民用水协会"交易模式主要适用于农用水资源计量到村级支渠或计量到农户层面的农用水权，村集体内部的农户根据用水定额核算发放用水权证等方式完成确权，借助农民用水协会这一组织将分散在各个农户手中的零星节余水权集中起来，形成有一定规模的待出售节余水权，以此降低农用水权转让的平均成本，保障并提高每个农户的节余水权收益，由此提高水权交易的发生概率，实现这类水权转让从无到有。"农户+农民用水协会"的规模化交易模式可通过对外转让和内部交易两种方式实施。对外转让方式是农民用水协会代表农户直接与其他用水单位签订水权转让合同，具体而言，某地区由于采用节水设施或种植结构调整等，某一年内每个农户的灌溉用水均有节余，但节余水量较少，农民用水协会可以集合所有农户的节余水权，扩大可用于交易的农用水权的规模，代表农户与水权购买方进行谈判并达成交易。成员间内部交易方式是协调并促成农民用水协会内部农户间剩余水权的交易，具体可通过灌溉管理部门为农户颁发水权证上登记水量的水票，按照"先购水票，后供水量，配水到斗，结算到户"的原则配水浇地，农户间可以自由交易节余的水票。

模式二："农户+用水大户投资农业节水"交易模式。针对某些地区农用水资源仅界定到乡镇支渠层面，属于典型俱乐部水权形式，存在灌溉用水方式粗放、农田灌溉水有效利用系数低的问题，农业节水潜力巨大，在用水总量目标控制下，工商业部门扩大生产或新上工业项目等严重缺水，这些用水大户有购买用水指标和水权的需求。在此基础上，工业企业等用水大户投资灌溉设施改造及终端界定计量等工程，通过实施管道输水、修建防渗通道，推广喷灌、滴灌、微灌、作物精准灌溉等技术，大幅度提高了农业用水效率，再利用节约置换出来的农用水资源，满足其生产用水等需求。此类交易可通过用水大户投资农业节水以"解决自身用水需求"和"出售水权获利"两种方式实施。用水大户投资农业节水以"解决自身用水需求"方式，具体是农用水资源有需求的工业企业等用水大户，在保障粮食安全的前提下，通过为当地农户提供新的灌溉方式，投资灌溉工程及计量设施改造等项目以实现农业节水，使用置换出的农用水资源或购买节约的农用水权，满足自身生产用水需要，本质是水资源的"农转非"。用水大户投资农业节水以"出售水权获利"方式，具体而言，农业节水工程投资的主体不一定是工业企业这一用水大户，也可以是水务公司等其他投资主体，采取股份合作、承包土地经营权等形式，投资农田水利和农业节水设施建设，以获取节余农用水权，进而出售获利。这些企业获取水权的目的不是满足自身用水需求，并没有直接消费节余的农用水资源，而是将这部分水权转让给其他缺水企业或部门，投资节水工程以营利为目的。

模式三："农户+地方政府回购"交易模式。农用水权的政府回购是为激励农户节水或保障其他行业供水，政府、灌区管理机构或政府组建的水权收储机构对分散式节余农用水权的收集、购买与存储，实现对小规模、零星、分散农用水权的集中收储和收购。水权收储交易中心是对水资源优化再配置的重要载体，回购收储交易中心一端面对数量众多的水权需求方，另一端联系着多个来源的水权供给方，掌握并发布更多的水权出售和购买信息，并在众多的卖方和买方之间撮合达成交易，实现农用水权的"多对多"交易，有效调节更大空间范围内的用水需求，可以在更短时间、以最低的成本达成一项交易。收储交易中心制定了完善的规章制度，有效保障水权交易双方的合法权益。这种交易方式改变了"一对一"的现货交易方式，借助"一对多""多对一""多对多"等多种形式，实现对节余农用水权的优化再配置。

模式四："全国性农用水权匹配"交易模式。全国性农用水权匹配交易是依据《水法》《取水许可和水资源费征收管理条例》等相关行政法规，借助中国水权交易所平台，为不同流域、不同省份的水权供给和需求搭建信息匹配平台，以此推动跨流域、跨界区域等大规模水权交易的实施。中国水权交易所这一国家级水权交易中心发布不同流域、区域的农用水权供给和需求信息，解决由于交易信息不对称、不充分而阻碍交易的问题。由于跨地区、跨流域交易所涉及区域范围广、人数多，对产业发展及水文、生态环境影响更大，交易信息发布时，严格遵循"四水四定"，把握好市场准入原则，对进入交易的水权、交易标准、交易流程进行全过程监管，交易完成后连续三年对交易地区的生态环境进行全面、系统评估。现实中，永定河上游跨区域水量交易就是在中国水权交易所开展调研、座谈及多方协调下，在其搭建的线上交易平台匹配达成的。中国南水北调的中线工程、东线一期工程向北方地区调水均属于跨流域的水权交易。

模式五："农用水权期权"交易模式。农业用水者作为农用水权期权交易主要卖方，工业用水者作为主要买方，依托中国水权交易所及流域级水务机构等平台；金融机构以场内经纪人及做市商或结算公司的身份与水权交易平台合作，在开发期权产品，提供农用水权期权交易的定价、报价及磋商等金融服务的基础上，接受水资源行政管理部门在农用水权交易的前期准备入市、中期交易磋商到后期结算交付三阶段监督管理的一种水权规模化交易模式。首先，参与农用水权期权交易的主体主要包括农业用水者、工业用水者、水资源行政管理部门及金融机构（场内经纪人、做市商及结算公司）等。其次，交易客体是农用水权期权合约，实质是在满足定额配水条件下的农用节余水的使用权。再者，农用水权期权交易的价格包含农用水权期权的价格以及期权到期日进行实际交割的水权期权的执行价格，其中行权价格主要由农用水权期权交易双方通过预测和评估到期日时的水权交易的现价来协商决定。最后，基于中国水权交易所建设，搭建全国综合性的农用水权期权交易平台，下设流域级水权期权交易中心的二级复合交易平台，每个流域建立一个农用水权期权交易分平台（黄河流域及长江—珠江流域两个分平台试点），可由水权收储转让中心、水资源相关行政主管部门组织执行，以电子化方式开展农用水权期权交易。

（4）完善农用水权规模化交易的收储与监管机制

拓展农户零散水权的有效收储机制，解决分散的农用节余水权如何回购和收储的问题。一是借助工业企业回收农用水权。具体操作是：在区域水权总量保持不变的情况下，工业与农业之间的水资源短缺与水资源浪费、具备投资能力和缺乏投资资金之间形成优势互补，政府对工业企业进行公开招标，工业企业等用水大户投资灌溉设施改造及终端界定计量等工程，通过实施管道输水，修建防渗通道，推广喷灌、滴灌、微灌作物等技术，大幅度提高当地农业的节水效率。作为对工业企业投资的回报，工业企业获得对节余农用水权进行回收的权利。二是借助地方政府回购农用水权。具体操作是：地方政府（村、乡镇）实地调查农户的确权程度、种植作物、灌溉用水、节水灌溉设备、计量设备和水利基础设施等情况，评估用水情况和预测节水规模，成立水权收储转让中心。水权收储转让中心利用募集的专项资金对农户的节水灌溉设施进行改进提升，对输水等水利基础设施进行维修与更新，通过村"两委"或农民用水协会动员农户实施节水灌溉，引导农户积极参与地方政府的水权回购项目。村级收储转让中心利用村中水库及储水设施进行一级收储，并视当地其他行业的用水需求进行水权交易，或将节余水量利用输水管道上缴到上一级水权收储转让中心进行二级收储。回购和收储的水权包括政府投资实施节水工程节余的水权、因城镇扩建等而闲置的水权、取得取水证的农户节水改造富余的水权、迁出管理范围农户的用水权和因为产业调整而取消的用水权。三是借助"水银行"收储。对具备地表水存储和用水调配基础的流域，当地政府（乡镇、市）根据灌区用水和节水预测成立"水银行"，将同一流域的农民用水协会、农户吸收成为"水银行"主要成员。"水银行"对农业灌溉实施节水改造和水利基础设施建设，农户将节余的农用水存入或出售给"水银行"，实现对农业节余水的收集和收储工作。

完善农用水管理制度与法规建设，为水权交易提供制度保障。水管理制度与法规为交易提供制度保障，能够降低交易成本和外部成本，促进达成交易契约。完善的法律法规及清晰明确的交易规则，需要对水权交易的总量、水质、交易方式、期限等进行规范。另外，相关法律法规可在农用水权交易的外部性问题方面作出规定，明确交易双方的责任与义务，实现水权交易的良性发展。

建立健全对水权交易各个环节的监管。监管机制是系统能够正常运行的保障，利用区块链技术对各个节点的水权量进行备份，形成水权交易监管长效机制。增强用水户和需水企业在水权交易中的监管作用，激发其监管活力。建立动态的农用水权交易监管体系，加强对水权交易各个环节的审查和监管，规范市场秩序，发挥宏观调控的关键性作用。

参 考 文 献

[1]ALI SAHEBZADEH, REZA KERACHIAN, HAMIDREZA MOHABBAT, et al. Developing a framework for water right allocation in inter-basin water transfer systems under uncertainty: The Solakan - Rafsanjan water transfer experience[J]. Water Science and Technology Water Supply, 2020, 20(7): 2658-2681.

[2]BAUER C J. Bringing water markets down to earth: water rights trading in practice, 1980—1995 [J]. Against the Current: Privatization, Water Markets, and the State in Chile, 1998: 51-78.

[3]BJORNLUND H. Formal and informal water markets: Drivers of sustainable rural communities? art. No. W09S07 [J]. Water Resources Research, 2004, 40 (9): S907.

[4]CAREY J, SUNDING D L, ZILBERMAN D. Transaction costs and trading behavior in an immature water market[J]. Environment and Development Economics, 2002, 7(4): 733-750.

[5] CHALLEN R, COOK V. Industry versus government control of quality standards in the South Australian dried fruit industry[C]. Sydney: Australian Agricultural and Resource Economics Society(AARES), 2000(1): 1-16.

[6]CHALLEN R. Institutions, Transaction costs and environmental policy: institutional reform for water resources[J]. The Australian Journal of Agricultural and Resource Economics, 2000, 45(2): 309-311.

[7]CHALLEN R. It's time to prepare margins to meet revised ELS agreement

[J]. Farmers Weekly, 2013, 160(16): 42.

[8]CHONG L W, HUANG J W, LIU Q, et al. Simulation−based optimization of the control strategy of variable−frequency chilled water pump in data center: a case study in Beijing[J]. IOP Conference Series: Earth and Environmental Science, 2021, 787(1): 12131.

[9]CROCKER G, ZILBERMAN D. US Financial accounts reports[J]. Journal of Commercial Biotechnology, 2002, 9(1): 85−88.

[10]CUI J, SCHREIDER S. Modelling of pricing and market impacts for water options[J]. Journal of Hydrology, 2009, 371(1−4): 31−41.

[11]DANIEL CONNELL. Irrigation, water markets and sustainability in Australia's Murray−darling Basin[J]. Agriculture and Agricultural Science Procedia, 2015(4): 133−139.

[12]DENG X, XU Z, SONG X, et al. Transaction costs associated with agricultural water trading in the Heihe River Basin, Northwest China[J]. Agricultural Water Management, 2017(186): 29−39.

[13]DUSTIN GARRICK, JIM W HALL. Water security and society: risks, metrics, and pathways[J]. Annual Review of Environment and Resources, 2014, 39(1): 611−639.

[14]DYCA B, MULDOON−SMITH K, GREENHALGH P. Common value: transferring development rights to make room for water[J]. Environmental Science and Policy, 2020(114): 312−320.

[15]ELAHE VAFAEI, SAEED SHAHABI AHANGARKOLAEE, MANUEL ESTEBAN LUCAS BORJA, et al. A framework to evaluate the factors influencing groundwater management in Water User Associations: the case study of Tafresh County(Iran) [J]. Agricultural Water Management, 2021(255): 107013.

[16]ERFANI TOHID, BINIONS OLGA, HAROU JULIEN J. Simulating water markets with transaction costs [J]. Water resources research, 2014, 50 (6):

4726-4745.

[17]FANG LAN, FU YONG, CHEN SHAOJIAN, et al. Can water rights trading pilot policy ensure food security in China? Based on the difference − in − differences method[J]. Water Policy, 2021, 23(6): 1415-1434.

[18]FIELDS CHRISTOPHER M, LABADIE JOHN W, ROHMAT FAIZAL I W, et al. Geospatial decision support system for ameliorating adverse impacts of irrigated agriculture on aquatic ecosystems[J]. Agricultural Water Management, 2021 (252): 106877.

[19]FRIEDMAN D. On economic applications of evolutionary game theory[J]. Journal of Evolutionary Economics, 1998, 8(1): 15-43.

[20]GAO J, HE H, AN Q, et al. An improved fuzzy analytic hierarchy process for the allocation of water rights to industries in northeast China[J]. Water, 2020, 12(6): 1-23.

[21]GAO Z, ZHANG H, HA M. Optimization of water resource management using chooser option contracts under uncertainty[J]. American Journal of Industrial and Business Management, 2018, 8(5): 1308-1326.

[22]Garrick D E, N Hernández-Mora, E O'Donnell. Water markets in federal countries: comparing coordination institutions in Australia, Spain and the Western USA[J]. Regional Environmental Change, 2018, 18(6): 1-14.

[23]GARRICK D, WHITTEN S M, COGGAN A. Understanding the evolution and performance of water markets and allocation policy: a transaction costs analysis framework[J]. Ecological Economics, 2013(88): 195-205.

[24]GAYDON D S, MEINKE H, RODRIGUEZ D, et al. Comparing water options for irrigation farmers using modern portfolio theory[J]. Agricultural Water Management, 2012, 257(8): 1-9.

[25]GREEN G, LAKER G, DU PLESSIS M. Celebrating 40 years of achievement by the Water Research Commission[J]. Water SA, 2011, 37(5): 603.

[26]GUAN XINJIAN, WANG BAOYONG, ZHANG WENGE, et al. Study on water rights allocation of irrigation water users in irrigation districts of the yellow river basin[J]. Water, 2021, 13(24): 3538.

[27]GUI-LIANG TIAN, JI-NING LIU, XIAO-YU LI, et al. Water rights trading: a new approach to dealing with trans-boundary water conflicts in river basins[J]. Water Policy, 2020, 22(2): 133-152.

[28]HANSEN K, KAPLAN J, KROLL S. Valuing options in water markets: a laboratory investigation[J]. Environmental and Resource Economics, 2014, 57 (1): 59-80.

[29] HAROLD DEMSETZ. Toward a theory of property rights [J]. The American Economic Review, 1967, 57(2): 347-359.

[30]JAMES BRAND. Farmers' water rights and the law[J]. Farmer's Weekly, 2020(20025): 6-7.

[31]KUEHNE G, BJORNLUND H, CHEERS B. Identifying common traits among Australian irrigators using cluster analysis[J]. Water Science and Technology, 2008, 58(3): 587-595.

[32]Lin Crase, Leo O' Reilly, Brian Dollery. Water markets as a vehicle for water reform: the case of New South Wales[J]. Australian Journal of Agricultural and Resource Economics, 2000, 44(2): 299-321.

[33]MADAN D B, CARR P P, CHANG E C. The variance gamma process and option pricing[J]. Review of Finance, 1998, 2(1): 79-105.

[34]MADAN D B, MILNE F. Option pricing with V. G. martingale components [J]. Mathematical finance, 1991, 1(4): 39-55.

[35] MARK W. ROSEGRANT, SHOBHA SHETTY. Production and income benefits from improved irrigation efficiency: what is the potential? [J]. Irrigation and Drainage Systems, 2004, 8(4): 251-270.

[36] MARTIN-SIMPSON S, PARKINSON J, KATSOU E. Measuring the

benefits of using market based approaches to provide water and sanitation in humanitarian contexts[J]. Journal of Environmental Management, 2018(216): 263-269.

[37]MATHER J R. Water resources: distribution, use, and management[J]. Professional Geographer, 1984, 37(2): 239-240.

[38]MCCANN L, EASTER K W. A framework for estimating the transaction costs of alternative mechanisms for water exchange and allocation[J]. Water Resources Research, 2004, 40(9): 346-350.

[39]MICHELSEN A M, YOUNG R A. Optioning agricultural water rights for urban water supplies during drought[J]. American Journal of Agricultural Economics, 1993, 75(4): 1010-1020.

[40]MOORE S M. Modernization, authoritarianism, and the environment: the politics of China's south-north water transfer project[J]. Environmental Politics, 2014, 23(6): 947-964.

[41]MOORE, SCOTT M. The development of water markets in China: progress, peril, and prospects[J]. Water Policy, 2015, 17(2): 253-267.

[42]R QUENTIN GRAFTON, JAMES HORNE, SARAH ANN WHEELER. On the marketisation of water: evidence from the Murray-Darling Basin, Australia[J]. Water Resources Management, 2016(30): 913-926.

[43] RAMOS A G, GARRIDO A. Formal risk-transfer mechanisms for allocating uncertain water resources: the case of option contracts[J]. Water Resources Research, 2004, 40(12): 73-74.

[44]REY D, CALATRAVA J, GARRIDO A. Optimisation of water procurement decisions in an irrigation district: the role of option contracts[J]. Australian Journal of Agricultural and Resource Economics, 2016, 60(1): 130-154.

[45] SCHWABE K, NEMATI M, LANDRY C, et al. Water markets in the western United States: trends and opportunities[J]. Water, 2020, 12(1): 1-15.

[46] TERRY L. ANDERSON, P J HILL. The evolution of property rights: a

Study of the American West[J]. Journal of Law and Economics, 1975, 18(1): 18-22.

[47]VILLINSKI M. A framework for pricing multiple-exercise option contracts for water[D]. University of Minnesota, 2003.

[48]WANG Y, LIU D, CAO X, et al. Agricultural water rights trading and virtual water export compensation coupling model: a case study of an irrigation district in China[J]. Agricultural Water Management, 2017(180): 99-106.

[49]WATTERS P A. Efficient pricing of water transfer options: non-structural solutions for reliable water supplies[D]. University of California, Riverside, 1995.

[50]WEIBULL J W. Evolutionary game theory[J]. Computers & Mathematics with Applications, 1996, 31(2): 132.

[51]WU XIAOYUAN, WU FENGPING, LI FANG, et al. Dynamic adjustment model of the water rights trading price based on water resource scarcity value analysis [J]. International Journal of Environmental Research and Public Health, 2021, 18 (5): 2281.

[52]YORAM BARZEL. What are "property rights", and why do they matter? A comment on Hodgson's article[J]. Journal of Institutional Economics, 2015, 11(4).

[53]YUBING FAN, LAURA MCCANN. Online supplement: adoption of pressure irrigation systems and scientific irrigation scheduling practices by U.S. farmers: an application of multilevel models[J]. Journal of Agricultural and Resource Economics, 2020, 45(3): S1-S10.

[54]ZHANG H, ZHOU Q, ZHANG C. Evaluation of agricultural water-saving effects in the context of water rights trading: an empirical study from China's water rights pilots[J]. Journal of Cleaner Production, 2021(313): 127725.

[55]TOM TIETENBERG. 环境与自然资源经济学[M]. 北京: 清华大学出版社, 2005(6): 62.

[56]曹传勇, 郑志彬. 位山灌区用水户参与管理的实践探索[J]. 中国水

利，2006(9)：57-58.

[57]陈广华，朱寒冰．权能分析视角下农业水权转让的立法检视与探索[J]．行政与法，2019(2)：106-114.

[58]陈洁，许长新．我国水权期权交易模式研究[J]．中国人口·资源与环境，2006，16(2)：42-45.

[59]陈金木，李晶，王晓娟，等．可交易水权分析与水权交易风险防范[J]．中国水利，2015(5)：9-12.

[60]陈志松，王慧敏．基于水市场生命周期的水资源管理模式及其演进[J]．节水灌溉，2008(3)：44-48.

[61]崔越，王立权，李铁男，等．农业用水初始水量分配方法应用研究：以阿北灌区农业水价综合改革为例[J]．水利科学与寒区工程，2019，2(6)：27-30.

[62]杜威漩．水权交易的福利效应分析[J]．水利发展研究，2010，10(4)：34-38.

[63]付实．国际水权制度总结及对我的借鉴[J]．农村经济，2017(1)：124-128.

[64]傅春，胡振鹏．国内外水权研究的若干进展[J]．中国水利，2000(6)：40-42.

[65]高娟娟，贺华翔，赵嵩林，等．基于改进的层次分析法和模糊综合评价法的灌区农业水权分配[J]．节水灌溉，2021(11)：1-19.

[66]葛敏，吴凤平．水权第二层次初始分配模型[J]．河海大学学报(自然科学版)，2005(5)：592-594.

[67]葛颜祥，胡继连．利用期权制度配置农用水资源的构想[J]．山东社会科学，2004，18(10)：49-51.

[68]葛颜祥．水权市场与农用水资源配置[D]．泰安：山东农业大学，2003.

[69]顾向一．农民用水户协会的主体定位及运行机制研究：以宿迁皂河

灌区为例[M]. 南京：河海大学出版社，2011：85-86.

[70]管新建，黄安齐，张文鸽，等. 基于基尼系数法的灌区农户间水权分配研究[J]. 节水灌溉，2020(3)：46-49，56.

[71]哈罗德·德姆塞茨，银温泉. 关于产权的理论[J]. 经济社会体制比较，1990(6)：7.

[72]韩锦绵，马晓强. 水权交易第三方效应的类型和成因初探[J]. 生态经济，2012(4)：35-38.

[73]何力. 基于SD模型的节水型城市建设激励机制与管理模式研究[D]. 武汉：长江科学院，2010.

[74]贺天明，王春霞，张佳. 基于遗传算法投影寻踪模型优化的深层次农业用水初始水权分配：以新疆建设兵团第八师石河子灌区为例[J]. 中国农业资源与区划，2021，42(7)：66-73.

[75]胡鞍钢，王亚华. 从东阳—义乌水权交易看我国水分配体制改革[J]. 中国水利，2001(6)：35-37.

[76]胡鞍钢，王亚华. 流域水资源准市场配置从何处着手[J]. 海河水利，2002(5)：1-2，70.

[77]胡鞍钢，王亚华. 转型期水资源配置的公共政策：准市场和政治民主协商[J]. 经济研究参考，2002(20)：12-20.

[78]胡继连，姜东晖，靳雪，等. 农业节水的激励机制与管理政策研究[D]. 泰安：山东农业大学，2011.

[79]胡继连. 农用水权的界定、实施效率及改进策略[J]. 农业经济问题，2010，31(11)：40-46，111.

[80]黄本胜，洪昌红，邱静，等. 广东省水权交易制度研究与设计[J]. 中国水利，2014(20)：7-10.

[81]黄丁伟. 外汇期权定价：VG模型与BS模型谁更适用[J]. 金融发展研究，2009(3)：24-25.

[82]黄红光，戎丽丽，胡继连. 水资源"农转非"的市场调节研究[J]. 中

国农业资源与区划，2012，33（2）：45-50.

[83]黄涛珍，张忠．水权交易的第三方效应及对策研究：以东阳—义乌水权交易为例[J]．中国农村水利水电，2017（4）：129-132，136.

[84]黄锡，屠曾长，张三林，等．城市化进程中的一个重大课题：苏州市农业地位功能及其发展方向的研究[J]．上海农村经济，2004（12）：38-41.

[85]贾绍凤．双控也得两手抓[J]．中国水利，2016（13）：4-9.

[86]姜东晖，靳雪，胡继连．农用水权的市场化流转及其应用策略研究[J]．农业经济问题，2011，35（12）：42-47，111.

[87]姜文来，唐曲．北京市水价改革研究[J]．水利经济，2009，27（3）：30-32，74.

[88]姜文来．水权及其作用探讨[J]．中国水利，2000（12）：13-14，4.

[89]姜文来．中国21世纪水资源安全对策研究[J]．水科学进展，2001，12（1）：66-71.

[90]蒋凡，秦涛，囧治威．"水银行"交易机制实现三江源水生态产品价值研究[J]．青海社会科学，2021（2）：54-59.

[91]李晶，王晓娟，陈金木．完善水权水市场建设法制保障探讨[J]．中国水利，2015（5）：13-15，19.

[92]李然，田代贵．农业水价的困境摆脱与当下因应[J]．改革，2016（9）：107-114.

[93]李艳玲．水环境恶化对农业发展的严重影响[J]．农村实用科技信息，2000（3）：1.

[94]李月，贾绍凤．水权制度选择理论：基于交易成本、租值消散的研究[J]．自然资源学报，2007（5）：692-700.

[95]李长杰，王先甲，郑旭荣．流域初始水权分配方法与模型[J]．武汉大学学报（工学版），2006（1）：48-52.

[96]廉鹏涛，潘二恒，解建仓，等．水权确权问题及动态确权实现[J]．水利信息化，2019（5）：20-25.

[97]梁喜，付阳．政府动态奖惩机制下绿色建筑供给侧演化博弈研究[J]．中国管理科学，2021，29(2)：184-194．

[98]林龙．论我国可交易水权法律制度的构建[D]．福州：福州大学，2006．

[99]林雪霏，周治强．村庄公共品的"赋能式供给"及其制度嵌入：以两村用水户协会运行为例[J]．公共管理学报，2022，19(1)：134-145，175．

[100]刘峰，段艳，马妍．典型区域水权交易水市场案例研究[J]．水利经济，2016，34(1)：23-27，83．

[101]刘刚．论农业节水的几条途径[J]．黑龙江科技信息，2010(7)：219．

[102]刘钢，王慧敏，徐立中．内蒙古黄河流域水权交易制度建设实践[J]．中国水利，2018(19)：39-42．

[103]刘家君．中国水权制度研究[D]．武汉：武汉大学，2014．

[104]刘家林．基于电力市场改革的电力期权研究[D]．重庆：重庆大学，2019．

[105]刘敏．"准市场"与区域水资源问题治理：内蒙古清水区水权转换的社会学分析[J]．农业经济问题，2016，37(10)：41-50，110-111．

[106]刘宁．我国不同类型地区现代林业的差别性政策研究[D]．北京：中国林业科学研究院，2010．

[107]刘世庆，巨栋，林睿．跨流域水权交易实践与水权制度创新：化解黄河上游缺水问题的新思路[J]．宁夏社会科学，2016(6)：99-103．

[108]刘卫先．对我国水权的反思与重构[J]．中国地质大学学报(社会科学版)，2014，14(2)：75-84．

[109]刘毅，张志伟．中国水权市场的可持续发展组合条件研究[J]．河海大学学报(哲学社会科学版)，2020，22(1)：44-52，106-107．

[110]刘莹，黄季焜，王金霞．水价政策对灌溉用水及种植收入的影响[J]．经济学(季刊)，2015，14(4)：1375-1392．

[111]刘颖娴，陈秋华，李媛媛，等. 中国集体林权改革背景下林业专业合作经济组织林权抵押贷款研究：以三明市永安县洪田村合作林场为例[J]. 台湾农业探索，2020(6)：18-25.

[112]陆文聪，覃琼霞. 以节水和水资源优化配置为目标的水权交易机制设计[J]. 水利学报，2012，43(3)：323-332.

[113]罗必良. 科斯定理：反思与拓展——兼论中国农地流转制度改革与选择[J]. 经济研究，2017，52(11)：178-193.

[114]罗必良. 农地确权、交易含义与农业经营方式转型：科斯定理拓展与案例研究[J]. 中国农村经济，2016(11)：2-16.

[115]马九杰，崔怡，董翀. 信贷可得性、水权确权与农业节水技术投资：基于水权确权试点准自然实验的证据[J]. 中国农村经济，2022(8)：70-92.

[116]马九杰，崔怡，孔祥智，等. 水权制度、取用水许可管理与农户节水技术采纳：基于差分模型对水权改革节水效应的实证研究[J]. 统计研究，2021，38(4)：116-130.

[117]马晓强，韩锦绵. 水权交易第三方效应辨识研究[J]. 中国人口·资源与环境，2011，21(12)：85-91.

[118]诺斯. 经济史中的结构和变迁[M]. 上海：上海三联书店，1997.

[119]潘海英，叶晓丹. 水权市场建设的政府作为：一个总体框架[J]. 改革，2018(1)：95-105.

[120]潘海英，朱彬让，周婷. 基于实验经济学的水权市场有效性研究[J]. 中国人口·资源与环境，2019，29(8)：112-121.

[121]裴丽萍. 可交易水权论[J]. 法学评论，2007(4)：44-54.

[122]裴丽萍. 水权制度初论[J]. 中国法学，2001(2)：91-102.

[123]钱焕欢，倪焱平. 农业用水水权现状与制度创新[J]. 中国农村水利水电，2007(5)：138-141.

[124]秦腾，佟金萍，支彦玲. 水权交易机制对农业用水效率的影响及效

应分析[J]. 自然资源学报，2022，37(12)：3282-3296.

[125]任保平，豆渊博. 黄河流域水权市场建设与水资源利用[J]. 西安财经大学学报，2021，35(1)：5-14.

[126]沈满洪，陈军，张蕾. 水资源经济制度研究文献综述[J]. 浙江大学学报(人文社会科学版)，2017，47(3)：71-83.

[127]沈满洪，陈庆能. 水资源经济学[M]. 北京：中国环境科学出版社，2008.

[128]沈满洪，杨永亮. 排污权交易制度的污染减排效果研究：基于浙江省重点排污企业数据的检验[J]. 浙江社会科学，2017(7)：33-42，155-156.

[129]沈满洪. 论水权交易与交易成本[J]. 人民黄河，2004(7)：19-22，46.

[130]沈满洪. 水权交易与政府创新：以东阳义乌水权交易案为例[J]. 管理世界，2005(6)：45-56.

[131]沈茂英. 长江上游农业水权制度现状与面临困境研究：以四川省为例[J]. 农村经济，2021(3)：9-17.

[132]石玉波. 关于水权与水市场的几点认识[J]. 中国水利，2001(2)：31-32.

[133]思拉恩，埃格特森. 新制度经济学[M]. 北京：商务印书馆，1996：224-227.

[134]孙娟. 多目标层次分析方法在沈阳市初始水权优化分配中的应用研究[J]. 水利技术监督，2018(6)：94-97.

[135]孙淑慧，苏强. 重大疫情期医药研究报道质量监管四方演化博弈分析[J]. 管理学报，2020，17(9)：1391-1401.

[136]田贵良，盛雨，卢曦. 水权交易市场运行对试点地区水资源利用效率影响研究[J]. 中国人口·资源与环境，2020，30(6)：146-155.

[137]田贵良，张甜甜. 我国水权交易机制设计研究[J]. 价格理论与实践，2015(8)：35-37.

[138]田贵良．国家试点省(区)水权改革经验比较与推进对策[J]．环境保护，2018，46(13)：28-35.

[139]田贵良．关于水权交易全过程实行行业强监管的若干思考[J]．中国水利，2019(20)：45-47，57.

[140]汪恕诚．水权管理与节水社会[J]．华北水利水电学院学报，2001(3)：1-3，7.

[141]汪恕诚．水权和水市场：谈实现水资源优化配置的经济手段[J]．中国水利，2000(11)：6-9.

[142]汪恕诚．水权和水市场：谈实现水资源优化配置的经济手段[J]．水电能源科学，2001(1)：1-5.

[143]王浩，孟现勇，林晨．黄河流域生态保护和高质量发展的主要问题及重点工作研究[J]．中国水利，2021(18)：6-8.

[144]王浩，汪林．水资源配置理论与方法探讨[J]．水利规划与设计，2004(S1)：50-56，70.

[145]王慧，刘金平，侯艳红．基于期权契约的链状交易结构水市场最优策略[J]．统计与决策，2013，29(19)：48-51.

[146]王慧．水权交易的理论重塑与规则重构[J]．苏州大学学报(哲学社会科学版)，2018，39(6)：73-84.

[147]王慧敏，王慧，仇蕾．南水北调东线水资源配置中的期权契约研究[J]．中国人口·资源与环境，2008，18(2)：44-48.

[148]王金霞，黄季焜．国外水权交易的经验及对中国的启示[J]．农业技术经济，2002(5)：56-62.

[149]王俊杰，李淼，高磊．关于当前水权交易平台发展的总结与建议[J]．水利发展研究，2017，17(11)：94-97.

[150]王凯．土地收储工作的市场效应与宏观调控作用[J]．住宅与房地产，2018，493(8)：10.

[151]王喜峰，沈大军．国内外水资源经济学发展逻辑的异同辨析[J].

生态经济，2019，35(4)：146-151，178.

[152]王小军．美国水权交易制度研究[J]．中南大学学报(社会科学版)，2011，17(6)：120-126.

[153]王学渊，韩洪云．农业水权转移的条件及其影响因素：基于国外研究的综述[J]．中国地质大学学报(社会科学版)，2008(2)：66-71.

[154]王亚华，胡鞍钢．黄河流域水资源治理模式应从控制向良治转变[J]．人民黄河，2002(1)：23-25，46.

[155]王亚华，舒全峰，吴佳喆．水权市场研究述评与中国特色水权市场研究展望[J]．中国人口·资源与环境，2017，27(6)：87-100.

[156]王亚华．中国用水户协会改革：政策执行视角的审视[J]．管理世界，2013(6)：61-71.

[157]王寅，任亮，王崴，等．基于合同节水管理模式的水权交易可行性研究[J]．水利经济，2019，37(4)：39-41，74-77.

[158]吴丹，王亚华，马超．大凌河流域初始水权分配实践评价[J]．水利水电科技进展，2017，37(5)：35-40.

[159]吴凤平，李滢．基于买卖双方影子价格的水权交易基础定价模型研究[J]．软科学，2019，33(8)：85-89.

[160]吴凤平，章渊，田贵良．自然资源产权制度框架下水资源现代化治理逻辑[J]．南京社会科学，2015(12)：17-24.

[161]吴秋菊，林辉煌．重复博弈、社区能力与农田水利合作[J]．中国农村观察，2017(6)：86-99.

[162]萧代基，刘莹，洪鸣丰．水权交易比率制度的设计与模拟[J]．经济研究，2004(6)：69-77.

[163]邢伟．水权确权登记制度的构建与完善[J]．水利技术监督，2018(6)：90-93.

[164]徐豪，刘钢．考虑随机降雨预测的区域水期权交易动态定价机制：以广东省为例[J]．自然资源学报，2020(353)：713-727.

[165]严冬，夏军，周建中．基于外部性消除的行政区水权交易方案设计[J]．水电能源科学，2007（1）：10-13.

[166]严予若，万晓莉，伍骏骞，等．美国的水权体系：原则、调适及中国借鉴[J]．中国人口·资源与环境，2017，27（6）：101-109.

[167]杨得瑞，李晶，王晓娟，等．水权确权的实践需求及主要类型分析[J]．中国水利，2015（5）：5-8.

[168]杨芳，肖淳，马志鹏．基于投影寻踪混沌优化算法的流域初始水权分配模型[C]．于琪洋．中国水利学会 2015 学术年会论文集（上册）．南京：河海大学出版社，2015：363-369.

[169]姚明磊，董斌，龙志雄，等．县域尺度中面向用水部门的初始水权配置[J]．中国农村水利水电，2019（7）：178-181，192.

[170]伊璇，金海，胡文俊．国外水权制度多维度对比分析及启示[J]．中国水利，2020（5）：40-43.

[171]张琛，解建仓，汪妮，等．基于网格技术的动态水权转换管理平台研究[J]．水资源与水工程学报，2010，21（2）：42-45，48.

[172]张丹，张翔宇，刘姝芳，等．基于和谐目标优化的区域水权分配研究[J]．节水灌溉，2021（6）：69-73.

[173]张建斌，李梦莹，朱雪敏．"以质易量"：水权交易改革的新维度——逻辑缘起、要件阐释、现实条件与制度保障[J]．西部论坛，2019，29（5）：93-100.

[174]张建斌．金融支持水权交易：内生逻辑、运作困境和政策选择[J]．经济研究参考，2015（55）：9-16.

[175]张建斌．水权交易的经济正效应：理论分析与实践验证[J]．农村经济，2014（3）：107-111.

[176]张俊荣，王孜丹，汤铃，等．基于系统动力学的京津冀碳排放交易政策影响研究[J]．中国管理科学，2016，24（3）：1-8.

[177]张兰花，许接眉．林业收储在林权抵押贷款信用风险控制中作用研

究[J].林业经济问题，2016，36(2)：139-142.

[178]张丽娜，吴凤平，张陈俊.适应性管理下流域初始水权配置方法研究进展[J].人民长江，2018，49(19)：16-20.

[179]张一文，齐佳音，马君，等.网络舆情与非常规突发事件作用机制：基于系统动力学建模分析[J].情报杂志，2010，29(9)：1-6.

[180]张郁，吕东辉，秦丽杰.水权交易市场构想[J].中国人口·资源与环境，2001(4)：60-62.

[181]张岳.从战略的高度建立节水型社会[J].中国水利，2005(13)：155-157.

[182]张岳.中国水资源与可持续发展[J].中国农村水利水电，2005(5)：3-6.

[183]赵良仕，李曼丞.辽宁农业灌溉用水影响因素时空差异性研究[J/OL].中国农业资源与区划，2022-09-22，https：//kns.cnki.net/kcms/detail/11.3513.S.20220920.1028.006.html.

[184]郑志来.土地流转背景下缺水地区农用水权置换制度影响因素研究[J].农村经济，2015(3)：90-94.

[185]水利部.中国水权交易所水权交易规则(试行)[J].新疆水利，2016(4)：28-32.

[186]周进梅，吴凤平.南水北调东线工程水期权交易及其定价模型[J].水资源保护，2014，30(5)：91-94.

[187]周利平，翁贞林，邓群钊.用水协会运行绩效及其影响因素分析：基于江西省3949个用水协会的实证研究[J].自然资源学报，2015，30(9)：1582-1593.

[188]周利平，翁贞林，苏红.基于农户收入异质性视角的用水协会运行效果评估[J].中国农业大学学报，2015，20(4)：239-247.

[189]朱立龙，荣俊美，张思意.政府奖惩机制下药品安全质量监管三方演化博弈及仿真分析[J].中国管理科学，2021，29(11)：55-67.